과학이 우리의 생각을 읽을 수 있다면

존-딜런 헤인즈
마티아스 에콜트 지음
배명자 옮김

과학이 우리의 생각을 읽을 수 있다면

**뇌를 스캔하는
신경과학의
현재와 미래**

Fenster ins Gehirn

흐름출판

마가렛 헤인즈 & 율리아 에콜트를 위해

차 례

프롤로그

  2017년 초여름, 마크 저커버그는 페이스북 개발자 회의에서, 앞으로 생각을 읽는 데 전념할 것이라고 발표했고, 세계는 그의 말에 귀를 쫑긋 세웠다. 이윽고 비밀 실험실에서 연구가 시작되었다. 그사이 페이스북은, 생각만으로 기기(컴퓨터)를 조종하겠다고 나선 스타트업 '컨트롤 랩스CTRL-Labs'를 수억 달러에 인수했다. 화제의 중심에 있는 테크놀로지 억만장자이자 테슬라 설립자인 일론 머스크 역시 생각을 읽겠다고 선언했다. 일론 머스크는 생각을 읽기 위해 인공지능을 인간의 대뇌피질에 직접 연결하고자 한다. 그는 2020년 8월에 개발의 첫 단계를 아주 소란스럽게 소개했는데, 수술 로봇이 돼지의 뇌에 정교한 장치를 이식했고, 돼지가 주둥이로 세상을 탐색할 때 발생하는 뇌 신호를 이제는 컴퓨터 화면에서 확인할 수 있다.
  이게 전부가 아니다. 머스크의 비전은 더 멀리 뻗어 나간다. 머스크는 다음 단계에서는 인간의 정신 전체를 디지털화 하고, 생

각만으로 게임 캐릭터를 조종하고, 심지어 추억도 다운로드 할
수 있을 것이라고 포부를 밝혔다.

그런 일이 정말로 가능할까? 인간의 역동적인 의식을 컴퓨터
로 포착할 수 있을까? 모든 추억과 기억, 스치듯 지나간 꿈들, 반
짝하고 떠오른 아이디어는 물론이고 비밀의 방에 안전하게 숨겨
놓은 듯한 다채로운 사고 세계도 컴퓨터로 읽어낼 수 있을까?

상대방의 머릿속을 훤히 들여다보고 싶은 마음은 인류의 오
래된 욕구다. 고대 중국에는 이미 최초의 거짓말탐지기가 있었
다. 용의자는 취조받을 때 혀 아래에 쌀알을 물고 있어야 했는데,
쌀알이 마른 채 있으면 용의자가 거짓말을 했다는 증거였다. 당
시 '논리'에 따르면, 거짓말을 하는 사람은 입안이 마르기 때문이
었다.

과학기술의 거대한 진보에도 불구하고, 생각을 읽어내려는 시
도는 20세기까지 여전히 거기서 거기인 조잡한 아이디어를 기반
으로 했다. 2000년대 초에 들어서야 비로소 뇌과학이 새로운 도
약을 맞이했고, 생각 읽기가 실현 가능한 수준으로 발돋움했다.
생각할 때 뇌의 활성을 스캐너로 관찰할 수 있게 된 후로, 인류의
오랜 꿈이 서서히 실현되어갔다. 이제 마침내 뇌 활성 패턴을 컴
퓨터로 분석하여 다채로운 사고 세계를 읽을 수 있게 되었다. 최
소한 어느 정도까지는 말이다.

이 책에서 당신은 이른바 '브레인 리딩Brain Reading' 분야의 몇몇 기발한 실험들과 놀라운 결과들을 만나게 될 것이다. 당신은 아마 〈매트릭스〉 혹은 〈토탈 리콜〉 같은 공상과학 영화를 통해, 인간의 뇌와 컴퓨터를 연결한 허구의 인터페이스를 보았을 터다. 우리는 이 책에서 그런 연결을 위해 실제로 어떤 기술이 필요한지 다루게 될 것이다. 낭만적 감정, 거짓말, 은밀한 소비 욕구 등 모든 경험 세계를 코딩하는 비밀 코드, 즉 뇌의 언어를 열심히 탐색할 것이다. 일부 사람들이 종종 주장하는 바처럼, 브레인 리딩으로 인간의 자유의지가 과연 의심받게 될지도 확인하게 될 것이다.

브레인 리딩처럼 큰 관심을 끄는 주제에는 언제나 위험이 도사리고 있다. 기대감이 과도하게 높아져서, 실험 결과가 심하게 과장될 위험 말이다. 이 책은 오늘날 실제로 무엇이 가능하고, 도전 과제와 걸림돌은 무엇이며, 더 나아가 뇌과학과 브레인 리딩의 한계가 무엇인지 알리고자 한다. 이 책을 읽으면, 무엇이 실현 가능한지 어느 정도 가늠할 수 있으리라.

현재 생각을 침투하려는 시도는 아직 실험실에 머문다. 그렇다면 생각을 읽는 혁신적 기술은 언제 우리의 일상에 도달할까? 그 길에 놓인 장애물은 무엇일까?

과학은 아주 많은 것을 실현할 수 있는 듯 보인다. 그러나 과학은 언제나 바람직한 일에 초점을 맞춰야 한다. 새로운 과학기술로 우리는 무엇이든 추구해도 될까? 이것은 과학을 다루는 책이 피할 수 없는 윤리적 질문이다.

끝으로 일러둘 것이 있다. 이 책은 주요 관점에만 집중하고, 몇몇 과학적 세부 질문들은 대략 조망만 하고 마무리했다. 그래서 이 분야에 전문적인 지식을 가진 독자의 경우, 어쩌면 이원론의 다양성, 철학적 논쟁(예를 들어 범주 오류), 머신 러닝의 최신 발전이 본문에서 다뤄지지 않아 아쉬울 것이다. 그런 전문적인 내용을 제외한 까닭은 우리가 설정한 이 책의 주제에 집중하기 위해서였음을 밝혀둔다.

1장
생각을 보관하는
비밀의 방

포커판에서 상대가 언제 블러핑Bluffing(자신의 패가 좋지 않을 때 상대를 기권하게 할 목적으로 거짓으로 강한 베팅이나 레이스를 하는 것 —옮긴이주) 전략을 쓰는지 정확히 알 수 있다면(〈그림 1〉)? 피고인이 정말로 살인을 저질렀는지 알 수 있다면? 직접 만들어 선물한 나염 셔츠를 애인이 속으로 어떻게 생각하는지 알 수 있다면?

일상에서 서로의 생각을 말로 주고받을 때, 듣는 사람은 말하는 사람의 정직성에 의존할 수밖에 없다. 말하는 사람이 자신의 사고 세계를 철저히 숨기고 있기 때문이다. 우리는 감추고 싶은 생각이 있으면 사고 세계를 꼭꼭 숨길 수 있다.

그러나 가까운 시기에 이러한 것들은 바뀌게 될지도 모른다.

〈그림 1〉

포커판에서 상대방의 감춰진 생각과 감정을 짐작할 수 있다면 매우 유용할 것이다. 순진한 표정 뒤에 가장 교활한 블러핑이 숨겨졌을 수 있다.

현대 뇌과학이 최근 몇 년 사이에 엄청나게 진보했기 때문이다. 그렇다면 머지않아 우리는 누군가가 무슨 생각을 하는지 그 사람의 머릿속을 훤히 들여다볼 수 있게 될까?

이 자리에서 미리 명확히 해둬야 할 것이 하나 있다. 뇌과학에서 생각은 언어로 표현할 수 있는 철학적이고 시적인 상상이나 이론에 머물지 않는다. 이 책에서 '생각'이라는 개념은 아주 의도적으로 더 광범위하게 정의된다. 생각이란 어떤 식으로든 우리의 의식을 관통하는 모든 것, 그러니까 우리가 현실에서든 꿈에서든 경험하는 모든 것을 의미한다. 여기에는 여러 다양한 요소들이 포함된다. 이를테면, 대상을 보는 것(당신이 지금 읽고 있는, 흰 바탕의 검은 글자 역시), 귀로 듣는 것, 그리고 냄새 맡고 만질 수 있는 모든 감각의 인식이 생각에 포함된다. 사람이 의식적으로 인식하는 것에는 또한 모든 종류의 감정과 기억, 의도, 행동 계획을 비롯해 당연히 언어적 생각과 꿈, 그리고 글자 그대로 삶을 달콤하게 해주는 보상의 순간도 포함된다. 이 책에서 말하는 생각은 이 모든 다양한 정신을 의미한다.

1976년에 개봉한 영화 〈미래 세계의 음모Futureworld〉에서처럼 기계로 생각을 읽는 것을 멋지다고 여길 사람은 거의 없으리라. 이 영화에서 주인공인 척과 트레이시, 두 신문기자는 미래 도시를 방문한다. 이곳에서는 로봇이 인간을 위해 각자 맡은 일을 한다. 이 도시의 운영자인 더피 박사는 두 신문기자에게 자신의 최신 발명품을 소개한다. 생각을 읽는 기계다. 이윽고 트레이시가 불쑥 이 기계를 시험해보겠다고 나선다. 그러나 과연 그것이 좋은 생각일지 망설여진다. (이따금 애인이기도 한) 동료가 자신의 사적 사고 세계를 너무 깊숙이 들여다보는 걸 원치 않기 때문이다. 그러나 기자의 호기심이 이런 망설임을 이긴다.

트레이시는 차단막이 설치된 방으로 안내된다. 이제 그녀는 그곳에서 크고 편안한 에어쿠션에 누워 기기를 머리에 쓰고 생각과 꿈에 몰두해야 한다.

생각을 읽는 이 기계의 핵심은 외부 통제실에 있다. 트레이시의 두뇌 활성이 그곳에서 읽혀 대형 컴퓨터에 기록되고, 컴퓨터는 두뇌 데이터로부터 트레이시의 생각을 알아낸다. 트레이시가 옆방에서 잠들어 꿈에 빠져 있는 동안, 꿈에서 벌어지는 일들이 모니터에 정확히 나타난다. 트레이시는 지금 자신의 아홉 번째 생일 시점에 있다. 생일 케이크, 아빠, 친구들, 트레이시에게 붙어 애교를 떠는 강아지가 보인다. 그러나 그다음, 올 것이 온다. 또 다른 남자, 애인이 트레이시의 생각에 등장한다. 이를 본 척은 긴장한다.

이런 일이 과연 현실에서 가능할까? 기계가 우리의 생각을 읽어 다른 사람에게 보여줄 수 있을까? 지금 당장은 아니더라도 미래에 언젠가는 가능할까? 아니면 우리의 생각은 우리만 들어갈 수 있는 철통 보안의 작은 방에 숨겨져 있을까? 생각이라는 개인 금고 안에 우리의 모든 아이디어, 가치관, 근심, 느낌, 고통, 계획, 의도, 감정, 기억이 보관되어 있고 금고의 비밀번호를 우리만 알고 있는 걸까? 비록 우리가 이따금 이 금고 안에 무엇이 들었는지 말하더라도, 그 누구에게도 직접 금고 안을 들여다보게 허락하지는 않는다. 간절히 바랐던 승진을 거머쥔 동료에게 우리가 느끼는 시기심을 우리는 누군가가 알기를 원치 않는다. 또한, 포커에서 나쁜 패를 쥐고도 좋은 패를 가진 양 허세를 떨 때, 아무도 눈치채지 못하기를 바란다. 바람을 피울 때 배우자에게 들키고 싶지 않다. 그런 생각들은 비밀의 방에 잘 숨겨져 있어야 한다.

지금 우리가 무슨 생각을 하는지, 다른 사람이 알아내기는 어렵다. 그렇더라도 우리의 생각이 폭로에서 완전히 안전한 건 아니다. 우리는 동료에 대한 시기심을 무심코 발설할 수 있다. 창피함에 얼굴은 새빨개지고, 생각을 들켜버린 당혹감은 이제 주변 사람 모두가 알 수 있다. 포커에서도 어쩌면 우리의 몸동작이 생각을 폭로하고 작전을 방해할 것이다. 경험 많은 포커 에이스는 당신의 초조한 눈꺼풀 경련을 보고 블러핑 전략을 눈치챌지도 모른다. 부부나 연인 사이라면 장기적으로 뭔가를 비밀로 유지하기는 더 어렵다. 우리는 생각을 완전히 감출 수 없다. 우리의 생각 및 행동 습관을 잘 알고 그래서 작은 변화조차 알아차릴 수 있는 사람에게는 그러기가 더더욱 어렵다.

생각의 완벽한 봉쇄는 사회생활에서도 권할 만한 것이 못 된다. 생각을 철저히 감추는 사람은 '닫힌 사람'으로 여겨지고, 심지어 의심의 눈초리를 받는다.

현대 뇌과학의 기술로, 생각을 읽는 기계라는 원초적 아이디어가 새로운 도약을 맞이했다. 잡지를 펼치면 한 장이 멀다 하고, 인간의 뇌 활성 사진이 등장한다. "사랑의 자리"[1] 혹은 "유리 두뇌"[2]처럼 제목도 비슷비슷하다. 뇌 활성 패턴이 정말로 우리의 생각을 반영한다면, 사적 생각을 읽는 기계가 출시될 날이 얼마 남지 않았다는 뜻일까? 우리의 사적인 비밀의 방으로 침투할 수 있는 기계? 과연 사적인 생각이 신장이나 심장, 폐의 기능처럼 기술에 의해 공개되고 이해될 수 있을까?

이 질문에 답하기 위해서는 먼저 인간 존재에 대한 핵심 질문을 해야 한다. 생각과 뇌의 작동 과정은 어떻게 연관되는가? 이 질문은 '몸-영혼' 혹은 '정신-뇌' 문제로 알려졌고 적어도 2,500년째 철학자들을 바쁘게 했다.[3]

우리의 정신세계는 뇌에 좌우될까 아니면 (일정 부분) 독립성을 가졌을까? 뇌에서 비롯되지 않았고 그래서 뇌의 작동 과정으로 읽힐 수 없는 생각도 우리의 비밀 금고에 보관되어 있을까? 이 질문을 다음과 같이 좀 더 원론적으로 제기할 수 있다. 신체와 상관없이 독립적으로 존재하는 정신이 있는가? 만약 그렇다면, 우리의 정신은 몸이 죽은 뒤에도 계속 존재할 수 있을까? 이와 비슷한 질문에 부정보다는 긍정으로 대답하는 사람에게는 우리의 생각과 뇌의 작동 과정이 근본적으로 다른 두 가지로 나뉠 것이다. 두 범주 혹은 두 존재 영역으로 나누는 것을 이원론(이원성)이라고 한다. 당신이 이원론자라면, 뇌에서 정신을 찾는 것을 헛수고라 여길 터다. 그곳에는 그저 신경만 있기 때문이다. 그런 당신에게 우리의 감각과 생각은 자연과학, 특히 뇌과학이 파악할 수 있는 것 이상이다.

뇌와 정신의 연관성은 옛날부터 전문가와 일반인 모두를 매료시켰다. 괴테는 《파우스트》에서 다음과 같이 기술한다. "영혼과 몸이 어찌 그토록 아름답게 잘 맞는지, 결코 떨어지지 않을 듯 서로를 꼭 붙잡고 있으면서도 왜 그토록 끊임없이 서로를 괴롭히는지, 아직 아무도 모른다."[4] 바야흐로 과학적 방식으로 인류의 수수께끼를 풀고 '영혼과 몸'의 연관성을 정확히 이해하려 애쓰는 뇌과학자들이 아주 많다. 그러나 인간 존재에 관한 이런 핵심 질문을 전문가들이 어떻게 생각하는지 뿐만 아니라, 일반 대중이 그 연관성을 어떻게 보느냐 역시 매우 흥미롭다. 몸과 영혼에 관한 견해가 삶의 여러 영역에 스며들어, 죄와 자유의지 혹은 사후의 삶 같은 중요한 물음에도 영향을 미치기 때문이다.

나는 고등학교 졸업 무렵에 이미 이런 물음들에 빠져 있었다. 그러나 이런 나의 지적 갈증을 해소해줄 전공을 찾기가 쉽지 않았다. '인간의 뇌를 공부하기 위해 생물학을 선택해야 할까? 아니면 인공지능 시스템을 프로그래밍하기 위해 컴퓨터 공학을 공부해야 할까? 아니면 인간의 인지능력을 근본적으로 이해하기 위해 철학을 전공해야 할까?' 나의 결론은 심리학이었다. 정신 과정을 관찰하는 법을 배울 수 있다고 믿었기 때문이다. 그렇게 나는 1990년대에 브레멘대학에서 심리학 공부를 시작했다. 내가 브레멘대학을 선택한 이유는 그곳에서 학제 간 통합 연구가 특히 활발해 새로운 인지과학의 기초를 세우기 위해 철학자, 심리학자, 뇌과학자, 물리학자, 컴퓨터 공학자, 수학자가 서로 교류하며 지식을 교환한다고 들었기 때문이다.

진학해보니 내가 들은 그대로였다. 나는 브레멘대학 심리학과에서 인간의 태도와 그것의 연구 가능성에 대해 배웠다. 그러나 동시에 아주 놀랍게도, 뇌과학과 철학 같은 다른 전공과 달리, 심리학과에는 정신과 뇌의 연관성에 관심을 가진 사람이 너무 적었다.

다행히 뇌과학자 게르하르트 로트Gerhard Roth가 당시 '의식의 문제'를 연구하는 최고의 철학 유망주들을 브레멘대학으로 불러 모았다. 그들이 브레멘대학에서 세미나를 연 덕분에, 나는 마침 내 같은 관심사를 가진 사람들과 의식의 문제를 토론할 기회를 얻었다. 그중에는 세계적으로 유명한 철학자 토마스 메칭거Thomas Metzinger도 있었다. 그는 정신 철학 세미나를 열었고, 나는 무슨 일이 있어도 그것을 듣고 싶었다. 토마스 메칭거는 의식 연구 분야에서 매우 유명한 인물이므로 그의 세미나 소식도 널리 알려졌을 테고 수많은 대학생이 그 자리에 참석하리라고 나는 확신했다. 그래서 나는 첫날에 자리를 차지하기 위해 30분이나 일찍 세미나실에 갔다. 세미나가 시작되기 직전까지 참석자는 심리학 전공자인 나 이외에 생물학자 한 명, 물리학자 한 명, 그리고 철학자 몇몇이 더 있었다. 의식의 문제는 심리학 분야뿐 아니라 철학 분야에서도 아직 제대로 안착하지 못한 것 같았다. 그러나 참석자가 적어 세미나가 소규모로 이루어졌기에 생각이 같은 사람들과 토론하고 심화하기에는 아주 좋은 조건이었다. 얼마 후 정신 철학 세미나는 사람들로 북적거렸다.

나는 브레멘대학에서 신경과학에 관심이 있는 철학자 미하엘 파우엔Michael Pauen도 알게 되었다. 몇 년 뒤에 그가 '베를린 마음과 뇌 대학원Berlin School of Mind and Brain'에서 박사 과정을 이수하기 위해 훔볼트대학에 왔을 때, 우리는 다시 만났다. 우리는 밤낮없이 만나 뇌와 정신, 자유의지와 책임에 대해 계속 토론했다. 철학자인 파우엔은 정신과 뇌의 연관성이 언젠가 밝혀질 것이라는 견해에 대해 나보다 훨씬 낙관적이었다.

그러던 어느 날 우리는 뇌와 정신의 연관성을 비전문가들은 어떻게 생각하는지 조사해보자는 아이디어를 냈다. 이때 우리가 조사 대상으로 생각한 '비전문가'란 신경과학자도 아니고 심리학자도 아니고 철학자도 아닌 사람들을 말한다. 물론, 자신의 고유한 생각에 관한 한 모두가 전문가다. 모든 인간은 매일 자신의 고유한 생각을 알고, 생각과 신체가 어떻게 연관되어 있는지 정확히 알기 때문이다. 예를 들어 말벌에게 쏘이면, 통증을 느끼고, 피부의 상처와 벌 독이 통증의 원인임을 안다. 포도주를 마시기 위해 손을 움직였다면, 포도주를 마시고 싶은 욕구가 손을 움직이게 한 동인임을 확신한다. 운동 후에 행복한 피로감을 느끼면, 몸은 힘들어도 마음이 행복할 수 있음을 안다. 누군가 뇌졸중으로 쓰러지면, 뇌 손상으로 언어능력을 잃거나 성격이 변할 수 있음을 안다. 그리고 가끔은 몸 전체가 생각에 관여하는 것처럼 느껴질 때도 있다. 예를 들어 애인을 생각할 때, 우리는 가슴이 두근두근하고 뱃속이 간질간질하다. 그러므로 모든 인간은 몸과 정신의 연관성을 증명하는 핵심 증인이다.

그래서 우리는 사람들에게 정신과 뇌의 관계를 어떻게 생각하는지 물었다. 설문 조사 결과, 독일인은 정신과 뇌의 관계에 대해 놀라울 정도로 의견이 일치했다. 응답자의 90퍼센트 이상이, 생각을 뇌 활성 하나로 축소하지 않았다. 다시 말해 생각에 관한 한

	아니다 -1점	잘 모르겠다 0점	그렇다 +1점
인간은 육체와 독립된 영혼이 있으므로 특별한 존재다.			
결정은 뇌가 아니라 영혼이 한다.			
인간을 특별한 존재로 만드는 것은 정신의 비육체적 부분이다.			
정신은 뇌 하나로만 해명되지 않는다.			
정신은 복잡한 생물학적 기계 그 이상이다.			
합계			

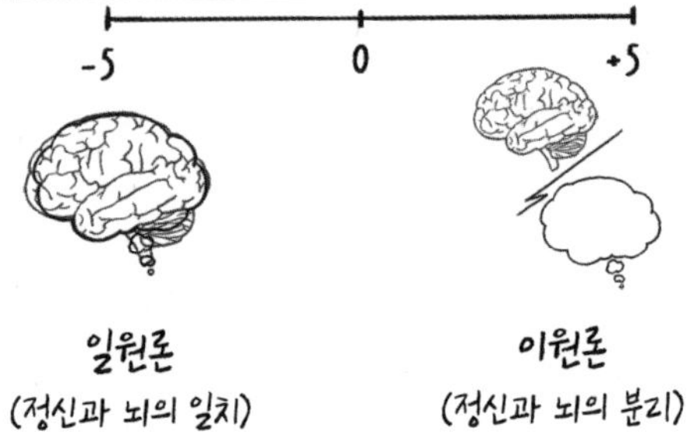

-5   0   +5

일원론
(정신과 뇌의 일치)

이원론
(정신과 뇌의 분리)

〈그림 2〉

셀프 테스트: 당신은 뇌와 정신의 관계를 어떻게 생각하십니까?

뇌와 정신을 원칙적으로 분리했다.[5] 한마디로 응답자들은 이원론자였다.

당신이 일원론자인지 이원론자인지 알고 싶은가? 그렇다면 지금 셀프 테스트를 해보면 된다. 〈그림 2〉에 다섯 가지 질문이 있다. '그렇다'라고 답하면 +1점, '잘 모르겠다'면 0점, '아니다'라고 답하면 −1점을 기록한다. 마지막에 다섯 개의 점수를 모두 합한다.

셀프 테스트에서 합계가 0점 이상이면, 당신은 뇌 하나로 우리의 생각을 설명하지 못한다고 믿는 대다수 그룹에 속한다. 당신에게 사고 세계는 자연과학으로 이해할 수 없는 일종의 수수께끼와 같다. 당신은 뇌와 생각을 원칙적으로 분리한다. 반면 합계가 0 이하이면, 당신은 뇌 활성으로 생각을 광범위하게 혹은 심지어 완전히 파악할 수 있다고 믿는다. 이런 입장을 일원론이라고 부른다.[6]

신경과학자들의 성향이 일원론 쪽으로 기우는 것은 놀랄 일이 아니다. 직업적 특성상 일원론적 현상을 늘 확인하기 때문이다. 물론 뇌를 이해함에 있어 아직까지도 풀리지 않은 의문이 많지만, 그렇다고 그 사실이 정신과 물질이 원칙적으로 뗄 수 없이 연결되어 있다는 뇌과학자들의 기본 가정을 바꾸지는 못한다. 그러나 일반 대중은 확실히 다른 견해를 가졌다. 아무튼, 독일뿐 아니라 비슷한 설문 조사를 실행한 미국과 싱가포르에서도 대다수의 사람들이 이원론자로 밝혀졌다.

뇌과학자인 나는 설문 조사 결과에 적잖이 놀랐다. 어떻게 이럴 수 있지? 사람들은 분명 신경과학에 아주 높은 기대를 걸고, 인간 존재의 큰 수수께끼를 뇌과학이 풀어주기를 고대하고 있지 않던가! 나의 뇌과학자 동료는 일주일이 멀다 하고 토크쇼에 출연한다. 나는 이미 온갖 주제에 관해 질문을 받았다. 그러면 나는 뇌과학자로서 자녀에게 무엇을 가르쳐야 나중에 배우자와 행복할 수 있고 직장에서 성공할 수 있는지 설명해야 한다. 심지어 범죄가 과연 범인의 책임이냐는 질문에도 뇌과학자로서의 내 견해를 밝혀야 한다. 나는 끊임없이 이런 종류의 질문을 받는데, 그 질문에는 뇌과학이 정신의 미스터리를 명료하게 해명해줄 것이라는 희망이 담겨 있다. 최근에 철학이나 다른 인문학 어떤 분야든, 기업이든 학교든, 마치 모든 문제에 신경학적 근거가 있는 것처럼 여겨져서, 그 자리에 뇌과학자들이 전문가로 초빙된다. 어떤 분야에 '신경'이라는 말이 붙으면 아주 세련돼 보인다. 그래서 최근에는 심지어 신경사회학 혹은 신경신학까지 얘기되는 추세다. 우리는 신경 교수법과 신경 마케팅이라는 단어에도 이미 익숙해졌다. 이 모든 유행 뒤에는 신경과학이 인간의 행동을 이해하고 바꾸는 방법과 수단을 제시할 것이라는 희망이 담겨 있다. 예를 들어, '학생들을 효과적으로 공부에 집중시킬 방법은 무엇일까?' 혹은 '소비자가 특정 제품을 구매하도록 하는 방법은 무엇일까?'처럼 말이다.

그런데 신경과학의 기본 입장인 일원론을 의심하면서 어떻게 이런 식의 기대를 할 수 있을까? 그런 희망을 품는 것 자체가 이미, 뇌의 기능 방식을 제대로 이해하면 정신을 해명할 수 있다고 믿는다는 것 아닌가? 동시대를 사는 대다수가 정신을 비육체적인 것 또는 자연과학이 전혀 혹은 거의 이해할 수 없는 어떤 것으로 여기는 설문 조사 결과와 이와는 대치되는 희망 사이의 모순을 어떻게 연결할 수 있을까?

어쩌면 육체와 영혼의 균열은 직관 때문일 수 있다. 정신적 측면과 육체적 측면이 서로 너무나 다르기 때문이다. 생각은 몸에서 일어나는 과정과 완전히 다른 것처럼 보이고, 전혀 다른 범주에 속하는 것 같다. 예를 들어 통증은 특정 방식으로 느껴진다. 어딘가 불편하거나, 따끔거리거나, 찌르듯이 아프고, 우리는 그런 통증을 없애기 위해 뭔가를 하고자 한다. 그러나 뇌의 신경세포 활동에는 불편함, 따끔거림, 찌르는 아픔 등이 전혀 없다. 통증은 그냥 신체적 과정일 뿐인데, 어째서 특정 방식으로 '느껴지는' 걸까?

또한, 수많은 신체적 과정이 전혀 인식되지 않는다. 간이 어떻게 해독 작업을 수행하는지 우리는 감지하지 못한다. 간이 오늘 자기 일을 훌륭하게 해냈는지 여부를 우리는 느끼지 못한다. 그리고 설령 간이 형편없이 일하더라도 통증과 달리 개선하고자 하는 긴박한 욕구가 생기지 않는다. 우리는 의사를 통해 혈액검사를 해봐야만 나쁜 간 수치를 비로소 알 수 있다. 중독 증상 같은 오작동이 있어야 비로소 우리 몸에 문제가 있음을 알아차린다.

그러나 간에서 진행되는 과정 자체는 우리에게 감춰진 채로 남는다.

간에서 진행되는 과정은 물질 과정이다. 간은 물질로, 구체적으로 말하면, 서로 맞물리는 기계 부품 같은 아주 작은 기본 구성요소와 세포로 이루어졌다. 우리는 이런 관점을 주저 없이 받아들인다. 그러나 생각을 물질 과정으로 보기는 어렵다. 생각은 물질과 다른 것 같고, 생각은 육체적인 것처럼 개별로 분해할 수 없을 것 같다. 또한, 생각을 부품들이 서로 맞물리는 기계로 상상할 수도 없다. 따끔거리는 어깨 통증 혹은 하늘을 날 것 같은 환희를 측정하는 일은 불가능해 보인다. 이유는 아주 단순하다. 물질세계에서는 이런 경험을 이해할 수 없기 때문이다.

그러나 어쩌면 단지 몸과 정신이 아주 달라 보이기 때문에 두 범주의 분리를 믿는 것은 아닐 것이다. 또 다른 중요한 이유가 있는 것 같다. 말하자면 이런 믿음이 자기 존재의 유한성을 위로해 줄 수 있기 때문이다. 영혼이 뇌를 통해 완전히 해명될 수 있다면, 뇌의 활동이 멎으면서 오는 죽음은 곧 생각의 종말을 의미하게 된다. 일원론이 옳고 정신이 몸과 뗄 수 없이 연결되어 있다면, 영혼의 사후 존속을 어떻게 상상해야 한단 말인가? 반면, 뇌와 정신을 분리하면 우리는 약간의 위안을 받을 수 있다. 그리고 이원론은 이미 고대부터 인류에게 그런 위안을 주었다.

2장

정신과 뇌
: 고대부터 이어져온 수수께끼

생각과 신체의 분리는 서양철학사를 관통한다. 그 발단은 기원전 4세기 그리스 철학자 플라톤까지 거슬러 올라간다. 자신의 걸작《대화편》에서 플라톤은 방금 처형된 소크라테스의 제자인 파이돈으로부터 사형 집행 직전에 그가 스승과 나눴던 대화를 전해 듣는다. 죽음에 직면한 소크라테스는 면회를 온 친구와 제자들과 함께 육체와 정신의 관계를 토론했다. 소크라테스는 죽음을 해방으로 이해하고 담담하게 맞이했다. 우리의 설문에 응답한 사람들처럼, 소크라테스 역시 유한한 육체적 허울과 무한한 정신이 원칙적으로 분리되어 있다고 믿었기 때문이다. 그에 따르면, 육체와 영혼은 비록 서로 분리되어 있지만, 일정 시간 동안, 그러니까 살아 있는 동안에는 서로 얽혀서 상호의존하고, 특히 육체가 정신을 지배하면 둘은 더욱 강하게 얽힌다.

소크라테스는 눈앞에 닥친 죽음을 두려워하지 않는다. 그는 올바른 삶을 살았고, 그래서 그의 정신이 육체적 허울에 밀착되지 않았기 때문이다. 소크라테스에 따르면, 폭음이나 폭식이 아니라 철학에 몰두하는 삶이 올바른 삶이다. 철학을 통해 인간은 "자기 자신에 집중하고"[1] 육체적 욕구에 과도하게 의존하지 않는 법을 배우기 때문이다. 또한, 소크라테스는 자신이 죽은 뒤에 영혼이 육체에서 쉽게 벗어나 저승 여행을 시작할 수 있기를 기대했다. 말하자면, 죽음이 그의 육체를 취하더라도 중요한 것은 영혼에 남아 있으므로, 그는 두려움이나 의심이 전혀 없었다.

그러나 살아 있는 동안 덕과 진리를 사랑하는 의무를 저버리고, 육체의 방종을 허락하고, "식탐과 오만과 술에 부끄러움 없이 몰두했던"[2] 사람들은 다를 것이다. 이런 영혼은 죽음 뒤에 타락의 대가를 치를 것인데, 하찮은 육체와 너무 강하게 얽혀 있어서 이 둘의 분리에 실패할 것이기 때문이다. 영혼은 육체에서 벗어나 자유롭게 날아가지 못하고 물질세계에 잡혀 "온갖 어두운 유령들이 출몰하는"[3] 공동묘지의 해골 주변을 몰래 돌아다녀야 한다.

스승 소크라테스의 입을 빌려 플라톤이 말한, 육체에 적대적인 이원론 철학은, 육체적 관계 없이 하느님의 아들이 태어났다는 기독교 교리와 아주 잘 맞는다. 기독교 교리에 따르면, 영혼은 땅에서의 삶을 끝낸 뒤에 평행 세계로 사라진다.[4] 그렇게 이원론은 서양 문화의 기본 신념이 되었고, 우리의 설문 조사 결과가 보여 주듯이, 현재까지 계속 영향을 미치는 것 같다.

수천 년 전 신석기시대부터 사람들은 육체와 정신의 분리를 믿었던 것 같다. 신석기시대의 무덤들에는 돌로 만들어진 둥근 입구가 종종 있는데, 죽은 자의 영혼이 무덤에서 빠져나갈 수 있게 만들어놓은 이른바 '영혼 탈출구'로 해석된다. 신석기시대의 문화가 기록으로 남지 않았으니, 이런 추측성 해석은 당연히 의심스러운 구석이 있다. 그러나 영혼을 위해 마련된 구멍들과 비슷한 유적들이 세계 여러 지역에서 발견되었고, 그것들이 만들어진 시대도 다양하다. 알프스 지역의 옛날 목조 주택 벽에는 여닫을 수 있는 작은 틈이 더러 있는데, 이것 역시 이른바 영혼창, 영혼들보, 영혼구멍 등으로 불린다. 임종 직전에 이 틈을 열어두어, 죽은 사람의 영혼이 빠져나갈 수 있게 했다고 전해진다. 다행히 이 틈은 영혼만이 통과할 수 있게 아주 작다. 살아 있는 육체는 그 틈을 통과할 수 없다. 오늘날에도 여전히 여러 문화에서, 그리고 때때로 병원에서도 환자가 죽으면 환자의 영혼이 빠져나갈 수 있게 창문을 연다. 엑소시스트의 일반적 견해에 따르면, 악마에 사로잡히면 심지어 육체 하나에 여러 영혼이 머물 수 있다.

따라서 소크라테스만 이원성을 믿었던 것은 아니다. 육체와 영혼이 원칙적으로 분리되어 있다는 믿음은 인류 역사 대부분의 시절에 동행했다. 자, 이제 과학은 뭐라고 할까? 육체와 영혼이 독립되었다는 증거가 있는가? 그리고 육체와 영혼이 분리되었다면, 둘은 어떻게 소통할까? 우리가 10미터 다이빙대 위에 서서 머뭇거릴 때, 육체와 정신에서는 어떤 일이 벌어질까? 생각을 보관하는 작은 방에서 먼저 결단을 내리고, 그다음 걸음을 옮겨 뛰어내리는 것처럼 보인다. 그런데 정신과 육체가 각각 독립된 존재라면, 정신의 결단이 어떻게 육체의 움직임으로 이어질까? 생각 같은 비물질적 존재가 어떻게 육체 같은 물질적 존재에 영향을 미칠 수 있을까? 선후 관계를 바꾸면, 역설은 더 커진다. 물질적 원인이 어떻게 비물질적, 즉 정신적 결과를 유발할 수 있을까? 정신과 육체가 원칙적으로 분리되어 있다면, 예를 들어 말벌에 쏘이는 일 같은 육체적 과정을 어떻게 인지하게 될까? 이 경우 육체가, 더 정확히 말하면 피부가 감지한 뭔가가 확실히 정신세계로 전달되었다. 분리된 듯 보이는 두 영역 사이의 이런 소통은 어떻게 이루어질까?

자연과학자이자 철학자인 데카르트는 17세기에 최초로 이 수수께끼를 과학적으로 해명하려 시도했다.[5] 데카르트는 2,000년 전 플라톤과 비슷하게, 우주에는 기본적으로 서로 다른 두 가지 실체가 존재한다고 주장했다. 한쪽에는 모든 것이 물리적 확장인 물질세계가 있다. 데카르트는 이것을 '확장된 실체res extensa'라고 불렀다. 이것의 반대쪽에는 확장하지 않는 정신세계가 있다. 생각은 장소가 없고, 생각은 판자를 못 박듯 고정할 수 없으며, 생각은 어디에나 있으면서 동시에 어디에도 없다. 그렇게 데카르트는 정신을 물질과 분리하여 '사유하는 실체res cogitans'라고 불렀다.

가톨릭 신자인 데카르트가 보기에 '사유하는 실체'는 신에게서 왔고, 그래서 인간은 확장된 물질세계와 달리 정신의 모든 복잡성을 이해할 수 없다. 확장된 실체는 적어도 원칙적으로는 모든 측면에서 파악할 수 있다. 데카르트는 이것을 기계로 상상했다. 규모가 거대하고 기능 면에서 매우 복잡하더라도, 당시 영주들의 정원에서 다양한 방식으로 물을 뿜어내는 기묘한 기계처럼, 결국에는 그 메커니즘을 모두 파악할 수 있다. 데카르트에게는 신이 만든 인간의 육체조차, 그러니까 앞에서 언급했던 간 역시 예외가 아니었다. "나는 인간의 육체가 흙으로 만든 기계와 다르지 않다고 생각한다."[6]

그러나 그다음 엘리자베스 공주가 왔다. 데카르트의 성실한 제자로서 엘리자베스 공주는 스승을 과감하게 감정적 한계로, 그리고 또한 지적 한계로 데려갔다. 공주가 질문했다. "스승님이 설명하는 두 실체는 어떻게 서로 영향을 미치죠?" 이 질문은 데카르트 이론의 심장을 겨누었다. "서로 분리되고 독립되어 존재하는 것이 바로 두 실체의 본성이 아니던가요? 그런데 어떻게 두 실체가 매일 인간 안에서 통합될 수 있죠?"

어떻게 가능했을까? 데카르트는 공주의 질문에 곧바로 "말끔한 해답을 줄 수 없었다."[7] 당연히 이 저명한 학자는 이 상태를 그대로 둘 수 없었다. 그는 서둘러 해답을 찾아내기 위해 여러 인체 해부에 참여했다. 그중에서도 특별히 뇌가 그의 흥미를 끌었는데, 뇌가 영혼에 중요할 것이라고 이미 수많은 고대 철학자들이 추측했었기 때문이다.

실제로 데카르트는 마침내 자신이 세운 기준을 충족하고, 고대부터 뇌와 영혼의 접점으로 얘기되었던 하나뿐인 장소를 찾아냈다. 그것은 바로 뇌의 정중선 깊숙이 숨겨져 있는 작은 내분비기관인 솔방울샘이다. 그것은 작은 솔방울처럼 생겨서 라틴어 이름도 'glandula pinealis(솔방울샘)'이다. 이 분비샘은 아주 단순한 과제만 수행하고, 좌뇌와 우뇌가 함께 사용한다. 데카르트는 솔방울샘을 영혼과 육체의 접점으로 보았다.[8] 육체를 기계로 보았던 관점에 맞게, 데카르트는 솔방울샘의 기능 방식 역시 엄격히 기계적으로 해명했다. 영혼은 이 작은 기관과 밀접하게 연결되었고, 적합한 방식으로 이 기관을 움직일 수 있고, 마리오네트 인형을 줄로 조종하듯이, 솔방울샘은 신경을 조종하여 모든 원하는 효력을 낸다는 것이다. "육체라는 기계 역시, 영혼이나 다른 원인이 이 분비샘을 다양하게 조종하면, 이 분비샘은 주변의 영혼을 뇌의 구멍으로 보내고, 그것은 신경을 통해 근육으로 전달되고, 그다음 근육이 팔다리를 움직이도록 구성되었다."[9]

엘리자베스 공주는 데카르트의 영혼과 육체의 상호 영향 이론에 흡족해한 것 같다. 아무튼, 공주는 죽을 때까지 스승과의 관계를 유지했고, 스승은 공주에게《정념론 Les Passions de l'âme》이라는 거창한 제목의 글을 바쳤다.

수많은 다른 학자들은 데카르트가 살아 있던 시기에 이미, 이

위대한 철학자가 하필이면 이 작은 솔방울샘에 매료된 이유를 이해하지 못했다. 그들은 아주 노골적으로 데카르트를 조롱했다. 데카르트의 뇌 설명은 금세 시대에 뒤떨어진 것으로 통했고, 그의 솔방울샘 이론 역시 힘을 잃었다.[10] 해부학 연구에서 증명되었듯이, 솔방울 모양의 내분비기관은 여러 다른 포유동물의 뇌에도 있었다. 그러므로 당연히 의문이 제기되었다. 당시 관점에서 신성한 영혼을 가질 수 없었던 동물에게도 솔방울샘이 있다면, 어떻게 이것이 영혼의 접점일 수 있겠는가? 이런 이의 제기는 오늘날 통하지 않는데, 동물들도 영혼까지는 아니더라도 적어도 의식이 있고, 심지어 단순한 형식의 생각도 할 수 있다고 보기 때문이다.

3장

뇌와 정신의 접점?

데카르트 이론의 여파는 길었다. 1994년에도 뇌과학자 안토니오 다마지오Antonio Damasio가 데카르트의 이원론을 비판하는 책을 썼고 세계적인 베스트셀러가 되었다.[1] 그러나 데카르트의 기본 질문은 오늘날에도 여전히 중요한 역할을 하고 있으며, 이원론은 지금까지도 널리 수용되고 있다. 자, 그렇다면 뇌와 정신이 만나는 접점을 찾으려면, 과연 어디를 수색해야 할까?

현대 과학 지식에 따르면, 솔방울샘은 아닌 것 같다. 솔방울샘은 대략 완두콩 크기로 아주 작고, 무엇보다 수면 리듬을 조정하는 멜라토닌을 분비한다. 뇌의 여러 영역에 등록된 주요 정보들이 확실히 솔방울샘으로 취합되지는 않는다. 콘서트홀 상황을 상

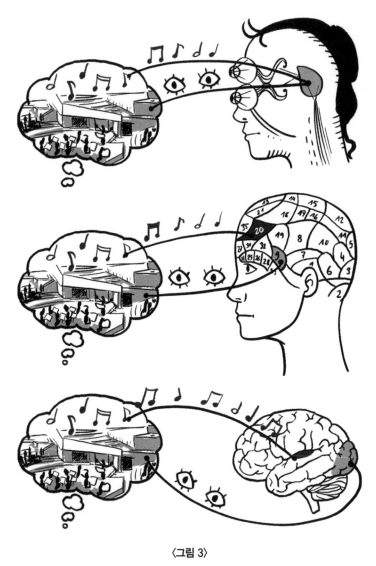

〈그림 3〉

생각 풍선 속 그림은 한 관람객이 베를린 필하모니의 연주를 보고 듣는 시청각 경험을 보여준다. 오른쪽 그림은 이런 감각 세계와 뇌의 연관성을 시대의 변화에 따라 어떻게 상상해왔는지 아주 단순화하여 보여준다(추가 설명은 다음 쪽 하단 참조).

상해보자. 당신은 베를린 필하모니가 연주하는 베토벤의 〈교향곡 제5번 '운명'〉을 편안한 마음으로 들으며 모든 악기의 환상적 협주에 감동한다. 당신의 시선은 한스 샤로운Hans Scharoun이 설계한 아름다운 콘서트홀 곳곳에 가닿는다. 당신의 감각기관은 수많은 악기 소리와 음률, 콘서트홀의 형태와 색상 등을 복합적으로 감지한다. 솔방울샘이 의식의 인터페이스라면, 이 모든 감각 경험이 이 작은 분비샘의 바늘구멍을 통과해야만 할 것이다. 솔방울샘에는 이런 수많은 정보를 의식으로 전달할 뇌세포가 그리 많지 않은 것 같다. 의식이 정말로 솔방울샘을 통해 감각 세계와 연결되었다면(〈그림 3〉, 위), 마치 구닥다리 전화 모뎀으로 HD 동영상을 스트리밍 하려 애쓰는 것처럼, 감각 경험은 뚝뚝 끊어지듯 느리게 의식으로 전달될 것이다. 그러므로 복잡하고 다양한 뇌 과정이 솔방울샘의 좁은 통로를 지나 의식으로 전달될 것이라는 가정은 무의미하다.

실제로 데카르트 이후, 우리의 사고가 뇌의 수많은 영역과 직

위: 데카르트는 모든 감각 경험이 뇌와 정신의 유일한 접점인 솔방울샘으로 취합된다고 추측했다.

가운데: 골상학자들은 각각의 정신 기능이 각각의 뇌 영역에 할당되어 있다고 추측했다(여기에 사용된 그림은 갈[Gall]의 제자 슈푸르츠하임[Spurzheim]이 그린 뇌지도다). 말하자면, 두 가지 경험(여기서는 보기와 듣기)에는 이를 담당하는 뇌 영역 두 곳이 필요하다.

아래: 현대 뇌과학은 신경과학기술의 도움으로 보기와 듣기를 위한 뇌 영역 두 곳의 위치를 알아냈고, 이를 각각 시각피질 및 청각피질이라 명명했다.

접 연결되어 있음이 점점 명확해졌다. 다양한 뇌 영역이 우리의 사고와 어떻게 연관되었는지를 해명하려는 여러 이론이 생겨났다. 이와 같은 이론들은 우선 추측으로 시작되었다. 1800년경, 이른바 '두개골 검사Cranioskopie'의 기초를 세운 독일 의학자 프란츠 요제프 갈Franz Joseph Gall의 추측이 유명세를 탔다. 이 추측은 나중에 골상학이라는 이름으로 널리 알려졌으며 동시에 비난도 받았다. 갈은 오늘날까지도 의미 있어 보이는 하나의 가정을 확신했는데, 그는 사고 세계가 하나일 것이라는 데카르트의 상상을 버리고, 그 대신에 우리의 정신이 최소한 27개의 다양한 능력으로 구성되었다고 보았다. 갈은 아홉 살에 이미, 기억력이 뛰어난 한 학급 친구의 눈이 남달리 심하게 앞으로 돌출된 것을 기이하게 여겼고, 이마 바로 뒤에 있는 기억력 영역 때문에 눈이 앞으로 밀려 나왔을 것이라고 추측했다. 이보다 더 자연스러운 추측이 어디 있을까! 갈은 이 이론을 점점 더 확장했다. 그는 두개골 검사로 개인의 사고력과 성격을 알아낼 수 있다고 믿었다. 이때 그의 기본 명제는, 각 기능을 수행하는 전문 영역이 뇌에 각각 할당되었다는 것이다(〈그림 3〉, 가운데). 두개골의 둥근 뒤통수는 그 안에 있는 뇌 영역이 특히 강하다는 것을 암시한다. 갈에 따르면, 애착, 색감, 숫자 감각, 시간 감각 등, 각각의 모든 기능에는 각각의 고유한 뇌 영역이 할당되어 있다. 예를 들어 갈은 관자놀이와 귀 사이를 살해 욕구 영역으로 보았는데, 맹수들의 머리에서 이 부위가 특히 잘 발달했기 때문이다. 뒤통수가 눈에 띄게 둥글게 튀어

나왔으면, 그 사람은 아주 가정적이라고 보았다. 갈은 심지어 신앙심도 두개골에서 발견하고자 했다.

프란츠 요제프 갈로부터 비롯된 이런 유사 과학은 뇌과학이 빠질 수 있는 전형적 오류로 통한다. 당연히 두개골 형태와 그 안에 있는 뇌 영역을 단순히 연결할 수는 없기 때문이다. 그러나 각각의 정신 능력이 각각의 고유한 뇌 영역에 자리한다는, 갈의 기본 가정은 오늘날까지 이어졌다.[2]

뇌지도: 사고 세계 배치도

정말로 뇌 영역 전체가 우리의 사고 세계와 각각 연결되어 있다면, 예를 들어 생각, 느낌, 상상, 인식과 각각 연결된 뇌 영역을 자극했을 때 그에 합당한 정신 현상이 발생해야 마땅할 것이다. 하지만 어느 누가 그런 실험에 참여하겠는가? 게다가 대뇌피질에 접근하려면 두개골을 열어야 하고, 각 영역을 자극하는 동안 의식이 완전히 깨어 있어야 한다. 마취 상태라면 발생한 정신 현상은 의식되지 못한 채 사라져버릴 테니 말이다.

환자가 깨어 있는 상태에서 시행되는 특별한 뇌수술이 한 가지 가능성을 제공한다. 뇌의 중요한 기능이 수술로 인해 손상되지 않도록 막기 위해 때때로 이런 뇌수술을 하게 된다. 뇌의 특정 지점에 전기 자극을 준 후, 가령 깨어 있는 환자의 말이 어눌해지는지 살핀다. 마취된 환자라면 이렇게 할 수 없다. 이른바 '각성 수술' 때 환자의 열린 뇌를 눈앞에서 보는 것은 뇌과학자인 내게 당연히 몹시 흥분되는 일이다. 일반적으로 뇌는 항상 단단한 두개골 안에 감춰져 있어서 대개 매우 추상적으로 남아 있고, 기껏해야 뇌 스캐너가 보여주는 단층사진으로만 볼 수 있다. 그러나 신경외과 의사들은 때때로 생명을 구하기 위해 두개골을 연다.

솔직히 말하면, 나는 뇌 연구를 위해 매일 뇌를 열어보지 않아도 되어서 얼마나 다행인지 모른다. 절개된 신체를 보지 않아도 되는 모든 날이 내게는 좋은 날이다. 나는 분명 좋은 외과의사는 되지 못했을 것이다. 아무렇지 않게 그런 수술을 옆에서 지켜볼 수 있는 잔드라 프뢸스Sandra Proelss 같은 박사 과정 학생이 내 곁에 있어서 참 다행이다.

극히 일부만이 사람의 뇌를 직접 보는 기회를 얻는다. 네덜란드 의사 헤르만 뵈르하베Herman Boerhaave가 1800년경 파리의 한 걸인 얘기를 했는데, 그 걸인에게는 두개골 덮개가 없었다. 걸인은 행인에게 돈을 받고 자기 뇌를 만져보게 허락했고, 그때마다 그는 번갯불을 1,000개씩 보았다고 한다.[3]

사람의 뇌를 자극하는 최초의 체계적 실험은 1874년에 있었다. 애석하게도 이 실험은 재앙으로 끝났고, 뇌 자극의 홍보와는 거리가 멀었다. 한 젊은 미국인 여성 메리 레퍼티Mary Rafferty의 뒤통수에 궤양이 생겼고, 그것이 이미 두개골과 뇌 표면까지 파고들어 일부를 파괴했다. 레퍼티의 뇌는 두정엽 부분이 드러나 있었고 그래서 불룩불룩 움직이는 혈관이 보였다. 당시 저명한 과학자이자 의사였던 로버트 바톨로Robert Bartholow가 이 환자를 보살폈다. 그때까지의 모든 실험에서는 오로지 동물의 뇌만 자극했었다. 바톨로는 사람의 뇌에도 전기 자극을 실험해볼 수 있는 일생일대의 기회를 만났다. 그의 병원에는 온갖 전기 자극 기구들이 설치된 이른바 '전기실'이 있었다. 바톨로는 작은 전극을 대뇌피질에 삽입하여 여러 날 동안 전류로 뇌를 자극했다. 이 젊은 여자는 먼저 뇌의 반대편 몸에서 반사적 근육 경련을 보였다. 바톨로가 바늘로 뇌를 깊숙이 찌르자 여자는 팔에서 고통스러운 가려움증을 느꼈다. 그럼에도 바톨로는 전압을 더 높였다. 결과는 재앙이었다. 여자는 울기 시작했고 그다음 아무것도 없는 허공으로 손을 뻗어 뭐라도 움켜쥐려는 듯 안간힘을 썼다. 여자의 시선이 갑자기 경직되었고, 눈동자가 확장되었고, 입술이 파랗게 변했고, 입에서 거품이 나왔고, 의식을 잃었다. 이런 끔찍한 결과에도 불구하고, 바톨로는 실험을 사흘이나 더 지속했다. 환자는 실험 직후 사망했다. 바톨로는 시체를 부검했고, 전극의 정확한 위치를 알아내기 위해 뇌를 얇게 잘랐다.

바톨로의 실험에 대중들은 크게 분노했고, 동료들 사이에서도 논란과 다툼이 있었다.[4] 환자의 신체를 그렇게 노골적으로 훼손하는 일은 현대 의학 연구의 윤리 원칙과 결코 양립할 수 없다. 과학적으로 타당하고 의학적으로 이로우며 윤리적으로 올바른 뇌 자극의 시대는 20세기에 이르러 시작되었다. 1920년대부터 개인 병원을 운영했던 캐나다 뇌신경외과 의사 와일더 펜필드 Wilder Penfield가 선구자였다. 그는 간질 발작의 원인이 되는 뇌 부위를 제거하여 간질 환자의 고통을 덜어주고자 했다. 그리고 제거 수술 중에 중요한 뇌 영역을 훼손하는 일이 없도록 그는 각성 수술을 진행했다. 뇌 자체에는 통증 수용체가 없어서 의식이 깨어 있는 상태의 이런 수술이 가능하다.

펜필드는 간질 발작의 원인이 되는 뇌 부위의 제거를 단행하기 전에 대뇌피질의 해당 영역을 약한 전류로 자극한 뒤 환자에게 느낌을 물었다. 환자들은 청각, 시각, 촉각 등 느낌을 얘기했다. 펜필드는 전기 자극으로 꿈과 기억의 영역도 찾아낼 수 있었다. 자극을 주는 동안 환자가 외쳤다. "도와주세요. 총을 든 강도들이 나를 덮쳐요!" 어떤 환자는 감탄하며, 수술 동안 베토벤 교향곡을 들었노라고 말했다. 좌뇌와 우뇌 중간 부분에 있고 전두엽과 두정엽을 가르는, 대뇌피질 중앙 고랑 부위를 자극할 때, 특히 반응이 강렬했다.

펜필드는 허버트 재스퍼Herbert Jasper와 시어도어 라스무센 Theodore Rasmussen과 함께 촉각과 운동을 담당하는 뇌 영역을 보여주는 최초의 신체 지도를 만들었다(〈그림 4〉 참조). 여기서 '지도'는 두 가지 의미를 띤다. 우선, 이 지도는 연구자를 위한 지도다. 어떤 기능이 어느 영역에 있는지를 연구자에게 보여준다. 예를 들어 시각은 뒤쪽에, 청각은 옆쪽에 있다는 식으로 말이다. 또한 이 지도는 뇌 자체를 위한 지도다. 예를 들어 시각 시스템에는 시야

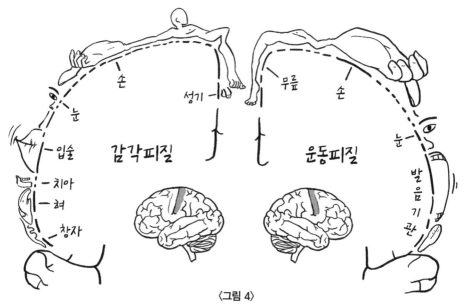

손

성기

무릎

손

눈

감각피질

운동피질

눈

입술

치아

혀

창자

발음기관

〈그림 4〉

뇌에 있는 신체 지도 두 개. 왼쪽은 뇌의 중앙 고랑 뒤편에 있는 촉각 지도다. 오른쪽은 중앙 고랑 앞쪽에 있는 운동 지도다. 펜필드에 의해 만들어진 이 지도는 개별 신체 부위가 뇌에서 차지하는 규모를 보여준다. 이 지도는 원래 화가 캔틀리(H. P. Cantlie)가 설계했지만, 이 책을 위해 일부 오류를 바로잡아 새롭게 그렸다.

지도가 있다.

뇌의 다양한 영역에는 외부 세계 혹은 신체를 모사한 지도가 있다. 예를 들어 발가락에서 얼굴까지 몸 전체를 모사한 뇌지도는 중앙 고랑 영역에 있다. 그러나 뇌지도에서는 크기 비율이 실제 신체와 다르다. 우리가 섬세하게 통제하고 아주 미세한 차이까지 감지할 수 있는 신체 부위들은 뇌지도에 원래 비율보다 훨씬 크게 그려졌다. 운동피질 지도를 보면, 손은 아주 크게 그려진

반면 어깨와 몸통은 아주 작게 표현되었다. 해당 뇌 영역이 담당하는 신체를 보여주는 이런 뇌지도는 '난쟁이'라는 뜻의 '호문쿨루스Homunculus'라고 불렸다.

촉각을 보여주는 호문쿨루스를 자세히 살펴보면, 몇 가지 기이한 것이 눈에 띌 것이다. 예를 들어 손가락 끝이 머리 바로 옆에 있고, 생식기가 발가락 바로 옆에 있다. 생식기는 골반 주변에 있어야 하는 거 아닌가? 친한 동료에게서 들었는데, 그는 이 질문의 답을 찾는 어떤 실험에 피험자로 참여했었다. 그는 MRI 안에 누웠고, 부드러운 칫솔이 그의 생식기를 자극했다. 그리고 뇌 활성을 토대로 작성한 뇌지도에서도 남성 성기가 정말로 발가락 바로 옆에 있다는 것이 밝혀졌다. 어쩌면 이런 이유에서 발이 성감대에 속하는 것이리라.

뇌지도는 촉각과 운동뿐 아니라, 아주 일반적으로 뇌의 조직 원리도 보여준다. 특히 멋진 사례가 바로 시각피질에서 시야를 표시하는 원리다. 시각피질의 대략적 위치는 20세기 초에 이미 동물실험을 통해 밝혀졌다. 그러나 눈으로 본 이미지가 뇌에서 정확히 어떻게 그리고 어디에 등록되는지는 알려지지 않았다. 뇌의 시각 센터가 수술로 노출되는 일이 별로 없기 때문에, 전기 자극으로 정확한 위치를 찾을 기회가 훨씬 드물었다.[5]

그러나 인류 역사상 절대 아름답지 않은 사건인 제1차 세계대전 덕분에 이 연구에 큰 진전이 있었다. 고든 홈즈Gordon Holmes는 영국군의 신경외과 고문으로서, 총상으로 시각을 잃은 환자들을 종종 만났다. 뒤통수의 특정 부위에 총을 맞은 경우, 시야의 결함 위치가 명확히 구분되었다. 예를 들어 시각피질의 왼쪽 상부가 손상되었으면 시야의 오른쪽 하부에 결함이 있었다. 결론적으로, 시각 이미지는 거울처럼 거꾸로 시각피질에 등록된다. 아래가 위가 되고 오른쪽이 왼쪽이 된다.

고든 홈즈는 매우 성실한 연구자였다. 그는 수많은 사례를 관찰하며 조금씩 모자이크를 채우듯이 뇌의 시야 지도를 그려나갔다(〈그림 5〉참조). 그의 시야 지도는 오늘날까지도 널리 유효하다.

나중에 밝혀졌듯이, 뇌는 시각 이미지를 다양한 해상도로 작업한다. 시각피질에 약한 자극을 가하면, 깜빡이는 불빛 정도의 단순한 이미지를 만들어낸다. 수술 때 시각피질에 강한 자극이 가해지면, 환자는 사람이나 동물 혹은 무지개를 보는 등 복잡한 환각을 경험한다. 청각 같은 다른 감각에서도 이처럼 체계적인 지도를 그릴 수 있다. 청각 시스템에는 음계나 피아노 건반처럼 음의 주파수를 배열한 다양한 지도가 있다. 뇌를 지도화 하는 과정에서 우리는 뇌 표면 대부분이 우리의 사고 세계와 관련이 있고, 각 부위가 서로 다른 경험에 전문화되었음을 알게 되었다.

아무튼, 오늘날 우리는 뇌를 자극하기 위해 두개골 덮개를 무조건 열지 않아도 된다. 전기 자극, 자기장, 심지어 초음파의 도움으로 두개골 덮개를 닫은 채로 뇌를 활성화하는 것이 이제는 가능해졌다. 물론 침습적 수술보다는 덜 정확하지만 말이다.

데카르트의 이론을 크게 수정해야 할 것 같다. 뇌의 어디에도

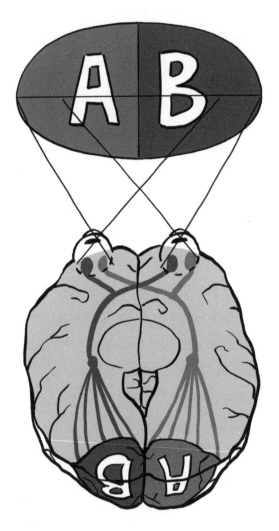

<그림 5>

1918년 고든 홈즈가 만든, 뇌의 시각 센터 지도.[6] 총상으로 인한 시야 결함에서 그는 뇌의 시야 등록 원리를 알아냈다.

정신과 육체의 접점은 없고, 오히려 뇌 전체가 아주 세부적으로 의식과 곧장 연결된 것 같다. 그렇다면 뇌와 사고 세계 사이에 수많은 접점이 있는 걸까? 색상, 기억, 행동 계획, 감정 등 아주 특정한 경험 유형에 맞게 각 영역이 전문화되었을까? 만약 그렇다면, 사고 세계와 뇌 사이에 접점이 있다는 상상은 여전히 유의미할까? 어쩌면 육체와 영혼, 정신과 뇌가 훨씬 더 밀접해서, 결국 육체와 정신의 원칙적 분리라는 기본 가정이 오류로 판명될지도 모른다.

뇌와 정신의 일치

뇌와 정신의 관계를 육체와 정신의 접점으로 상상할 수 없다면, 어떻게 해야 할까? 독일 철학자 고트프리트 빌헬름 라이프니츠Gottfried Wilhelm Leibniz는 17세기 말에 매우 기괴하고 특이한 가능성을 제안했다. 이때 라이프니츠는 엘리자베스 공주가 이미 경험했고, 모두가 아는 일상적 경험을 기반으로 했다. 누구든지 뇌와 사고 세계가 밀접하게 연결되어 있음을 느낀다. 사고 세계에서 눈앞의 빈 유리잔을 보고 포도주를 채우고 싶은 욕구가 생기면, 신체 세계의 손이 포도주병을 잡고 유리잔에 술을 따른다. 육체와 영혼의 이런 협력을 우리는 계속해서 경험한다. 그런데 이런 조화로운 협력이 어떻게 이루어질까?

라이프니츠는 유추해석을 이용해 이 질문에 답했다. 하나는 뇌를 상징하고 다른 하나는 정신을 상징하는 두 개의 시계가 있다고 가정해보자. 의식과 행동이 완벽하게 서로 협력하는 것처럼, 이 두 시계도 완벽하게 조화를 이루고 언제나 시간이 정확히 일치해야 마땅하리라. 그러나 현실의 두 시계는 시간이 살짝 다르다. 그러므로 두 시계를 계속 일치시키기 위해 누군가는 끊임없이 개입해야만 하고, 그렇지 않으면 두 시계에서 시간이 서로 다르게 흐른다. 이것을 뇌와 정신의 관계로 전환해서 살펴보면, 둘 사이에 그런 차이가 발생할 경우, 결정과 행동이 시간적으로 더는 일치하지 않을 것이다. 가령, 결정을 내리기 전에 행동하는 일이 생길 수 있다. 두 시계가 완벽하여 차이가 절대 생길 수 없을 때라야 완벽한 협력도 가능하다. 라이프니츠는 사고 세계와 뇌의 조화로운 협력을 정확히 그런 완벽한 두 시계로 상상했다. 배가 고파 사과를 먹으면, 배가 고프다는 생각이 사과를 먹는 행동을 유발한 것처럼 보일 수 있다. 그러나 라이프니츠에 따르면, 사실 그것은 착각이다. 허기와 먹기는 원래부터 완벽하게 협력하도록 맞춰져 있었기 때문이다. 그러니까 둘은 동지이지 뭔가를 조건으로 요구하는 관계가 아니라는 것이다. 현대 과학의 관점에서 보면 정말 놀라우면서도 괴상한 생각이다.

19세기 중반에 독일 물리학자 구스타프 테오도어 페히너Gustav Theodor Fechner가 다음과 같이 덧붙였다. "라이프니츠는 가장 단순한 한 가지 가능성을 놓쳤다. 둘은 조화롭게 나란히 갈 수 있고,

절대 다르게 갈 수가 없는데, 사실 둘은 서로 다른 두 시계가 아니기 때문이다."[7] 이렇게 뇌와 정신의 일치가 다시 중앙으로 돌아왔다. 정신과 육체의 협력 수수께끼는 허공으로 날아가버렸는데, 현실에서는 둘이 하나의 과정이기 때문이다. 여기서 페히너는 오늘날까지 뇌과학을 지배하는 원칙 하나를 발표한다. 뇌와 사고 세계는 뗄 수 없이 서로 연결되어 있다! 그렇게 보면 뇌와 정신의 접점은 전혀 필요가 없는데, 뇌 과정이 곧 생각이기 때문이다.

이 말이 옳다면, 뇌 측정으로 생각을 알아낼 수 있어야 마땅하다. 그러면 우리는 이원론의 반대인 일원론을 따르고, 앞에서 이미 설명했듯이 정신과 뇌를 하나로 볼 것이다. 각각의 생각이 뇌의 특정 활성 상태와 일치하고, 그래서 현대 신경과학은 경험들을 뇌 활성 패턴에 배정하는 것을 과제로 삼을 것이다(〈그림 3〉참조).

그러나 정신과 뇌의 일치가 곧 신체와 뇌에서 일어나는 모든 과정을 의식적으로 경험한다는 뜻은 아니다. 사고 세계는 뇌 과정의 일부분이다. 우리는 뇌의 무수한 작업 단계를 의식하지 못한다. 강당에서 흥미로운 강연을 듣는다고 가정해보자. 강연자가 중간에 청중들에게 문득 묻는다. "혹시 영사기 돌아가는 소리가 너무 시끄러운가요?" 그제야 당신은 영사기 소리를 듣게 되고, 갑자기 불편한 소음처럼 귀에 거슬린다. 영사기 소리는 그동안 계속 났었고, 당신의 귀가 듣고 뇌가 작업했지만, 당신의 의식까지 파고들지는 않았다. 당신이 주의를 기울이기 시작하자 소리가 의식되었고, 일단 의식하게 되자 설상가상으로 소음을 더는 머리에서 쫓아낼 수가 없게 된다.

나중에 보게 되듯이, 뇌에 등록만 되고 의식 세계까지 들어오지 못한 자극에도 뇌는 반응한다. 그런 무의식적 정보 작업은 일원론 관점과 잘 맞는데, 우리는 뇌의 모든 과정이 아니라 단지 일부분만 의식하기 때문이다.

이원론자에게 건네는 제안

뇌와 정신을 하나로 보는 일원론 관점은 정말로 설득력이 있는가? 일원론으로 과녁이 아니라 그 너머를 쏘는 것은 아닐까? 뇌과학을 향한 대중들의 큰 관심에도 불구하고, 뇌와 정신의 분리라는 이원론적 해석이 널리 퍼져 있다. 정신세계가 비밀스러운 작은 방이고, 그 안에 보관된 생각은 외부에서 접근할 수 없이 완전히 봉쇄되었고, 생각은 뇌의 과정이 아니기 때문에 뇌 활성을 측정하더라도 생각에 접근할 수 없다고 믿는 사람들이 아주 많다. 아주 당연해 보이는 어떤 것이 사실은 환상일 수 있을까? 이원론을 지지하는 과학적 발견이 과연 가능할까?

한 가지 가능성은 뇌에 아무런 흔적도 남기지 않는 생각을 발견하는 것이다. 피험자에게 두 가지 다른 사물, 예를 들어 개와 고양이를 생각하도록 요청했을 때, 서로 다른 생각을 했음에도 뇌 활성 패턴에 아무런 차이가 없다면, 그것은 정신과 뇌가 적어도 어느 정도는 서로 독립적이라는 뜻이다.

데카르트와 갈의 시대에는 뇌 연구의 기술적 도구가 매우 한정되었기 때문에, 당연히 이런 실험은 불가능했다. 그러나 오늘날 뇌 활성 패턴을 정확히 측정할 수 있다면, 이 질문의 답은 저절로 나온다. 당신이 만약 이원론을 확신한다면, 베를린 샤리테의 베른슈타인 센터 실험실로 와서 당신만 아는 완전히 사적인 두 가지 생각을 우리에게 말해달라. 우리가 실험실에서 두 생각의 뇌 활성 차이를 알아내지 못한다면, 우리의 설문 조사에서 대다수가 확신했던 이원론이 입증된 것이다. 말하자면 오로지 뇌 활성만으로는 다른 사람의 생각을 알아낼 수 없다. 그러므로 정신세계는 확실히 신체와 부분적으로 독립되어 있다.

그러나 뇌과학자인 나는 그 반대가 맞음을 경험했다. 앞으로 이 책에서 확인하게 되듯이, 실제로 뇌 활성을 통해 생각을 어느 정도 읽어낼 수 있다.

4장

생각이란 무엇인가?

뇌에서 정말로 생각을 알아낼 수 있을까? 최신 뇌 스캐너라면 개인의 은밀한 사고 세계를 침투할 수 있을까? 언론 매체들은 벌써 뇌 스캐너 덕분에 수천 년 된 '생각 읽기'의 꿈이 실현될 것이라고 보도한다. 그러니까 초자연적 내지 초심리학적 힘이 아니라, 과학의 힘으로 뇌 활성을 측정하여 생각을 읽어낼 수 있다는 얘기다. 그러므로 '생각 읽기'가 아니라 '뇌 읽기'의 영어 표현인 '브레인 리딩Brain Reading'이란 단어가 이를 표현하는 데 주로 사용된다.

이 표현은, 마치 뇌 스캐너로 피험자의 뇌 활성을 책 읽듯 읽을 수 있다는 암시를 주어 오해를 낳기도 한다. 하지만 우리는 우리가 아는 언어로 기록된 글만 읽고 이해할 수 있다. 그리고 아직까지 뇌과학은 뇌 활성 패턴 언어를 완전히 판독하는 수준과는 상당히 거리가 있다. 뇌 활성 패턴은 판독하기가 아주 까다로운 복잡한 암호 메시지와 같다. 그러므로 우리는 피험자의 생각이 보관된 작은 비밀의 방을 먼저 '해킹'해야 한다.

여기서 새로운 근본적 질문이 생긴다. 언젠가는 다른 사람이 지금 무슨 생각을 하는지 과학적 방법으로 알아내게 될까? 나는 학창 시절에 한 여학생을 사랑했고, 우리는 감정에 취해 온갖 심오한 존재론적 질문을 사색했었다. 대화를 나누는 동안, 나는 인식의 근본적 한계를 (아프게) 명확히 확인했다. 여자 친구가 무슨 생각을 하고 무엇을 경험하는지 정확히 알기란 절대 불가능할 것 같았다. 사랑의 감정과 그것의 응답과는 별개로, 나는 여자 친구가 만약 "나는 지금 파란 하늘을 보고 있어!"라고 말하면, 여자 친구가 보는 파란색이 내가 보는 파란색과 똑같은지 절대 알 수 없다. 어쩌면 여자 친구가 파란 하늘을 보며 느끼는 것이 내가 초록 풀밭을 보며 느끼는 것과 같을까? 설령 우리가 하늘의 색감을 다르게 인식하더라도, 우리는 둘 다 하늘의 색을 '파랗다'고 말할 것이다. 하늘의 색은 옛날부터 그렇게 불렸으니까. 결국, 우리의 인식이 서로 다르다는 사실은 전혀 눈에 띄지 않는다.

수많은 위대한 사상가들, 그중에서도 특히 17세기 영국 철학자 존 로크John Locke가 이미 이런 질문에 몰두했었다는 사실을, 당시 나는 알지 못했다. 지금도 여전히 확신하건대, 우리가 비록 누군가가 특정 색깔을 인식하는 '순간'을 과학적으로 알 수 있더라도, 정확히 어떤 색감인지는 절대 알 수 없다. 철학에서는 이런 근본적 한계를 '의식의 어려운 문제Hard Problem of Consciousness'라고 부른다. 그럼에도 뇌과학자들은 굴하지 않고, 특정 생각이 언제 그리고 어떤 조건에서 등장하는지 조사한다.

이쯤에서 한 가지 질문이 먼저 해명되어야 한다. 우리가 읽거나 판독하려는 이 '생각'이라는 것은 도대체 뭘까? 철학자와 언어학자들은 종종 생각을 내면의 언어라고 주장한다. 이를테면 '오늘은 정말로 빨래를 해야만 해!' 같은 생각이 내면의 언어일 것이다. 실제로 이런 침묵의 독백은 사고 세계에 속한다. 1980년대까지 몇몇 연구자들은 모든 생각이 뇌에서 이런 문장으로 생성된다고 상상했었다.

그러나 그렇게 한정 짓기에는 사고 세계가 너무 방대한 것 같다. 생각은 경험의 모든 측면을 통해, 다양한 의식의 흐름을 통해 생겨난다. 그리고 언어를 통해서만 생각이 드러나는 것도 아니다. 어느 여름날, 밝은 햇살에 눈이 부시고, 들판에는 꽃이 만발하고, 뜨거운 태양이 당신의 살갗을 태우고, 여름 향기가 코로 밀려들어오고, 벌들의 윙윙 소리가 주변을 채우면, 당신은 금세 언어의 한계를 명확히 느낄 것이다. 우리는 건조한 문장들로 표현할 수 있는 것보다 더 많이 보고 듣고 느낀다. 우리는 때때로 다양하고 방대한 생각에 압도되어 할 말을 잃는다. 원한다면 직접 체험해볼 수 있다. 이제부터 10분 동안 당신이 생각하는 모든 것에 주의를 집중해보라. 당신의 다양한 생각들을 모두 단어로 표현할 수 있는가?

자기 생각을 관찰하기 시작하면, 다음의 문제에 직면하게 된다. 생각하면서 생각을 관찰하는 것이 과연 가능한가? 생각의 관찰이 동시에 생각을 만들어낸다. '내가 알록달록 예쁜 꽃밭을 생각한다는 것을 나는 지금 생각한다.' 자아 분열을 해야 할 것만 같다. 한 자아는 계속해서 자기 생각을 뒤따라가고, 다른 자아는 이때 어깨너머로 생각의 흐름을 관찰한다. 생각하면서 생각하는 자신을 관찰하는 일은, 마치 살아 움직이는 도로 위에 서 있는 동시에 발코니에서 자신을 내려다보려 애쓰는 것 같다.

베를린 필하모니의 예로 돌아가보자. 우리는 음악을 들으며 몽상에 젖은 눈으로, 콘서트홀의 매혹적 인테리어와 장식을 훑는다. 이때 누군가 우리에게 생각에 주의를 기울이라고 요청한다면, 아마 우리는 이렇게 말할 것이다. "나는 지금 아름다운 선율을 듣고 있단 말이에요!" 하지만 이 말을 하는 순간, 음악에 주의가 집중되고, 콘서트홀의 색상과 형태 같은 그 밖의 모든 경험은 배경으로 물러난다. 사고 세계의 다양성은 축소되고, 우리는 오직 한 부분에만 주의를 집중한다.

말하자면, 자기 생각을 생각하는 순간, 불가피하게 생각이 바뀐다. 이 문제는 심리학뿐 아니라, 모든 과학 분야, 심지어 가장 정확하다는 물리학에서도 생긴다. 물리학에서도, 어떤 사물을 관찰하면 그것이 사물에 변화를 일으킨다는 원리가 통한다. 물리학자 베르너 하이젠베르크Werner Heisenberg는 1920년대에 코펜하겐 공원을 산책하던 중에 획기적인 깨달음을 얻었다. 전자의 위치를 정확히 측정하려면, 감마선을 사용하면 되지만, 광자와 감마선의 상호작용이 전자의 속도를 변경하여 측정 결과가 정확하지 않다.[1] 생각도 이와 비슷하다. 생각을 관찰하는 즉시, 생각이 바뀐다.

측정 자체가 이렇게 어려운데, 한 인간의 왜곡되지 않은 사고 세계를 이해하게 되리라 희망해도 될까? 그리고 이런 의문이 우리의 일상적인 생각에 실제로 얼마나 중요한 역할을 할까? 정말로 가망이 없는 걸까? 어쩌면 너무 불안해하지 말고 그냥 인간의 건강한 지성을 믿어야 할지도 모른다. 생각하는 자신을 관찰하고 생각을 보도하는 일이 어느 정도까지는 분명 가능하다고, 우리의 지성이 말하기 때문이다. 예를 들어, 당신은 잠시 이 책을 덮고, 방금 책을 읽을 때 어떤 기분이 들었는지 말할 수 있다. 사고 세계를 가능한 한 왜곡 없이, 관찰로 변경하는 일 없이 고스란히 보여주려는 시도가 예술계에 많이 있다. 그것의 한 예가, 프로이트의 자유 연상법에 기초한 '자동기술법'이다. 이것은 특히 1920년대에 초현실주의자들로부터 인기를 얻었다. 그들은 뇌리를 스치는 모든 생각을 가능한 한 거르지 않고 검열하지 않고 기록하려 애썼다. 작성한 글에 반드시 의미가 있을 필요는 없다. 의식의 흐름을 좇는 자유 연상이 항상 일관되고 의미가 있는 것은 아니기 때문이다. 자동기술법의 고전인, 앙드레 브르통André Breton과 필리프 수포Philippe Soupault의 《자기장Les champs magnétiques》도입부에서 짧은 '견본'을 읽을 수 있다.

물방울의 포로, 우리는 그저 영원한 동물일 뿐이다. 우리는 고요한 도시를 달리고 마술쇼 포스터는 더는 우리에게 감동을 주지 않는다. 위대하고 연약한 감탄, 말라버린 기쁨의 점프들이 무슨 소용일까? 죽은 별자리 외에 우리는 아무것도 모른다.[2]

이 글이 지금은 어쩌면 대학생 셰어하우스의 냉장고 문에 붙은 시적 흥얼거림처럼 들리겠지만, 당시에는 가히 혁명적이었다. 생각의 자연스러운 흐름은 가능한 한 왜곡 없이 그대로 재현되어야 했다. 검열이나 압박이 있어선 안 되었고, 모든 생각에 틀림없이 의미가 있었고, 생각의 관찰과 경험 사이에 틈이 있어선 안 되었다.

불교에도 '원숭이 마음Monkey Mind'이라는 말이 있는데, 불안하고 혼란스럽고 일관되지 않은 모든 생각이 뒤죽박죽으로 섞인 마음을 의미한다.[3] 생각을 가능한 한 왜곡 없이 뇌 활성에서 판독하고자 한다면, 바로 이런 원숭이 마음이 우리의 목적지다. 우리는 아직 뒤죽박죽인 '원숭이 마음'을 이해할 수 없다. 그럼에도 현대 뇌과학은 뇌 활성에서 이미 많은 생각을 판독할 수 있게 되었다.

5장

조감도
: 알록달록한 뇌 활성 사진

뇌 활성에서 복잡한 사고 세계를 어떻게 읽어낼 수 있을까? 생각이 뇌에 저장되는 방식은 1990년대까지도 여전히 커다란 수수께끼였다. 앞에서 보았듯이, 뇌의 특정 부위는 지도처럼 조직되었다. 예를 들어, 시각 시스템의 한 부분은 시야 지도처럼 구성되었다. 그래서 피험자의 시야 어느 영역에서 이미지를 떠올리는지 알 수 있었다. MRI 뇌지도에서 오른쪽 하부가 활성화되면, 해당 부분은 시야의 왼쪽 상부다. 뇌에 모사된 신체 지도를 바탕으로 우리는 또한 어느 신체 부위에(예를 들어 손) 접촉이 있었는지 말할 수 있었다. 그러나 세부적으로는 아직 접근이 불가능했다. 왼쪽 상부의 이미지가 어떤 그림인지, 손을 건드린 사람이 정확히 누구인지는, 뇌지도에서 알아낼 수 없었다. 다시 말해, 특정 생각이 어떻게 뇌에서 생겨나고 실현되는지 전혀 몰랐고, 2000년대 초까지 달라진 것은 없었다.

사실 뇌과학은 진정한 정보의 보물 위에 앉아 있었지만, 그 사실을 몰랐을 뿐이다. 뇌 활성 패턴에 얼마나 많은 세부 정보가 들어 있는지, 즉 뇌 활성 패턴이 우리의 생각을 얼마나 많이 폭로하는지, 오랫동안 아무도 몰랐다. 이것은 마치 개미집과 같은데, 멀리서 보면 그저 단순한 흙더미이지만, 자세히 보면 분주히 돌아다니는 수천 마리 개미들의 매우 조직적인 혼잡을 알게 된다. 평범해 보이는 흙더미 안에 우주가 통째로 들어 있다! 뇌 연구도 그와 비슷하다.

나는 2002년에 박사 학위를 위해 런던 인지신경과학 연구소로 갔다. 독일과 전혀 다른 이곳 분위기에 나는 전율했다. 독일에서는 뇌와 정신 혹은 의식 같은 아주 흥미로운 주제를 기껏해야 저녁에 술을 마시며 토론했다. 나는 동료들로부터 이런 큰 주제로 연구 경력을 쌓으려 하면 안 된다는 조언을 여러 번 들었다. 영국에서는 달랐다. 게레인트 리스Geraint Rees와 존 드라이버Jon Driver 같은 선배 과학자들로부터 나는 정밀한 실험을 설계하는 동시에 커다란 질문을 늘 시야에 두는 법을 배웠다.

우리는 또한 의식의 과정을 더 많이 알아내기 위해 뇌 스캔을 다른 방식으로 분석하는 아이디어에 도달했다. 그러나 결정적 차원에 들어서기에는 뇌 스캔의 해상도가 너무 낮은 것 같았다. 그러나 그다음 우리는 플로리다에서 열린 한 학회에서 신경과학자 유키야수 카미타니Yukiyasu Kamitani와 프랭크 통Frank Tong의 발표를 들었다. 나는 그들의 연구 결과를 듣고 숨이 멎는 줄 알았다. 우리가 이론적으로 불가능하다고 여기고 팽개쳤던 것을 그들이 실제로 성공한 것이다! 그들은 MRI로 의식의 세밀한 내용까지 침투하는 데 성공했다. '미싱 링크Missing link(잃어버린 연결 고리)'가 발견되었다. MRI는 뒤죽박죽인 뇌 활성으로부터 세부 내용을 분별해낼 수 있었다. 나는 런던으로 돌아오자마자, 우리도 그런 코드 판독을 연구하자고 게레인트 리스를 졸랐다. 그는 내게 연구를 허락했고, 나는 성공적인 결과로 그의 허락에 보답했다. 우리가 기록한 뇌 신호에서도 아무도 예상하지 못했던 방대한 정보의 지평이 열렸다. 지난 세기를 잠깐 돌아보면, 이것을 이해하는 데 도움이 될 것이다.

신경세포: 생각 기관의 구성 요소

20세기 초부터 동물실험을 통해 잘 알려졌듯이, 신경세포, 즉 뉴런은 뇌에서 중대한 역할을 한다. 뉴런의 구조는 나무를 닮았다(〈그림 6〉, 왼쪽 참조). 뉴런의 한쪽 끝에는 입구에 해당하는 수상돌기Dendrite가 있다. 이곳으로 정보가 들어와 신경세포에 도달한다. 수상돌기는 나무가 영양분을 공급받는 방대하게 뻗은 뿌리를 닮았다. 'Dendrite'가 나무를 뜻하는 그리스어 'Dendron'에서 유래한 데는 다 이유가 있는 것이다. 수상돌기는 자신의 뿌리로 영양분이 아니라 수많은 다른 신경세포로부터 전기 자극을 수집한다. 뉴런은 수상돌기로 들어온 전기 자극 정보로 작업을 시작한다. 수상돌기의 복잡한 뿌리에서 입력 신호가 분석되고, 그 다음 신경세포의 결정 센터인 축삭둔덕Axon hillock으로 전달된다. 이곳에 수집된 입력 신호의 자극 강도가 임계점을 넘으면, 뉴런은 자극 하나를 다음 뉴런에 전달한다. 이것을 뉴런의 '발화發火'라고 부른다.

발화 때 축삭둔덕에서 전기 자극이 생기고, 이 자극은 특수 케이블인 '축삭Axon'을 통해 다음 뉴런으로 흐른다. 축삭은 나무 꼭대기의 가지들처럼 끝에서 가지를 뻗어 다른 뉴런들과 연결된다. 축삭은 다음 신경세포로 이동하는 지점에서 시냅스와 합류한다. 그러나 시냅스에서 신경세포는 전선처럼 직접 연결되어 있지 않다. 시냅스와 다음 신경세포 사이에는 아주 작은 간격이 있다. 그곳에서 전기 자극이 화학 신호로 바뀐다. 시냅스가 신경전달물질을 방출한다. 신경전달물질은 시냅스의 작은 간격을 건너 다음 신경세포로 가고, 그곳에서 다시 전기 자극을 보내고, 전체 과정이 처음부터 다시 시작된다(〈그림 6〉, 오른쪽 참조).

더 나은 이해를 위한 비유를 들자면, 두 도시 간에 메시지를 전달하는 전신 케이블을 상상해보라. 두 도시 사이에 강이 흐른다. 시냅스의 전달은 대략 다음과 같이 상상하면 된다. 전신 케이블

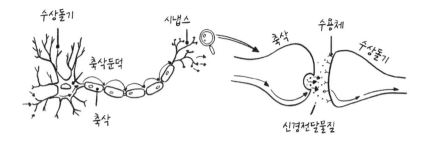

〈그림 6〉

왼쪽: 신경세포의 구조. 다른 신경세포의 정보가 들어오는 입구 영역인 수상돌기를 볼 수 있다. 들어온 정보들은 병합되고, 입력 신호가 특정 강도를 초과하면, 신경세포는 축삭을 통해 전기적으로 신호를 다음 세포(오른쪽)로 보내는데, 이것을 '발화'라고 부른다.

오른쪽: 시냅스에서 정보를 다음 세포로 전달한다. 이때 신경전달물질을 통해 신호는 전기적 전달에서 화학적 전달로 바뀐다. 성가셔 보일 수도 있지만, 이렇게 바뀌는 덕분에 시냅스는 자기가 정보를 전달하는 다음 세포에 매우 유연하게 영향을 미칠 수 있게 된다. 시냅스는 그런 방식으로 다음 세포를 자극하거나 억제할 수 있다.

이 강 위로 이어지지 않아, 전자 메시지가 한쪽 강둑에서 끝나고 거기서 내용을 종이에 인쇄한 뒤 배로 강을 건넌다. 그다음 맞은편 강둑의 전신국에서 다시 내용을 입력하여 마지막에는 전자 메시지로 전달된다.

다소 조잡한 비유지만, 전기적 전달이 화학적 전달로 바뀌는 것이 얼마나 특이한 일인지 명확해졌으리라.[1] 이런 변화가 비록 성가신 일처럼 보이지만, 큰 장점이 있다. 화학적 전달에서는 메시지를 변경할 수 있는 다양한 신경전달물질이 투입될 수 있다. 그래서 어떤 신경전달물질은 다음 세포를 흥분시켜 '발화 속도'

를 높이고, 또 어떤 신경전달물질은 반대로 다음 세포를 마비시켜 자극의 양을 줄인다. 이런 배경지식을 가지고, 베를린 필하모니 콘서트홀로 다시 돌아가보자. 음악에 주의를 집중하면, 멜로디와 리듬이 명확히 앞에 나선다. 그러나 그와 동시에 눈을 즐겁게 하던 콘서트홀의 건축미는 뒤로 물러난다. 이런 상황에서는 청각 정보가 강해지고 시각 정보가 억제된다. 어떤 시냅스는 다음 신경세포를 흥분시키고, 어떤 시냅스는 다음 신경세포를 마비시켜서 이런 일이 벌어지는 것이다.

우리의 생각이 뇌의 860억 개 신경세포의 활성 패턴으로 코딩되었다면, 이제 그것을 측정하여 그 사람이 지금 무슨 생각을 하는지 알아낼 수 있다고 말할 수 있을 것이다. 그러나 이때 두 가지 커다란 문제가 있다. 하나는 두개골을 열지 않고 신경세포의 활성을 측정할 방법이 없다는 점이다(이 책의 끝부분에서 이것을 다룰 것이다). 다른 하나는, 모든 신경세포를 포괄하려면 믿을 수 없이 많은 측정을 동시에 실행해야 한다는 점이다. 그러므로 수많은 뉴런이 특정 순간에 뇌에서 정확히 무엇을 하는지 알기는 여전히 불가능하다. 그래서 다른 접근 방법이 필요하다.

인간의 뇌 신호: 조감도

모든 개별 신경세포를 측정할 수는 없더라도, 최소한 뇌 과정의 대략적 개요 정도는 파악할 수 있지 않을까? 하늘을 나는 새의 높이에서 보면, 각각의 풀이나 꽃 같은 작은 세부 사항들은 배경으로 물러난다. 대신에 전체 풍경을 조망할 수 있다. 그렇다면 뇌 신호 전체를 보는 일종의 조감도가 (개별 신경세포를 보는 우물 안 개구리의 시야와 달리) 도움이 될까?

독일 예나대학의 정신과 의사 한스 베르거Hans Berger는 1920년 대에 이미 두개골을 열지 않고도 뇌의 전기신호를 측정하여 뇌 과정의 대략적 개요를 얻는 방법을 개발했다. 개별 신경세포의 전기적 활성은 두개골 덮개 밖 두피에서 측정하기에 너무 약하다. 또한 두개골이 전기장을 강력하게 차단한다. 하지만 신경세포는 대개 혼자가 아니라 동시에 발화하여 커다란 세포 동맹을 이룬다. 이런 공동 발화로 신경세포는 외부에서 측정할 수 있을 만큼 강력한 신호를 생성한다. 그렇더라도 여전히 아주 약해서, 그것을 기록하려면 증폭기가 필요하다.

그래서 베르거가 정말로 뇌 신호를 측정했다고, 동료들이 믿기까지는 한참이 걸렸다. 베르거가 기록한 독특한 파동 패턴은 점차 뇌 활성의 지표가 되었다. 오늘날 뇌전도EEG는 의료 진단에서 빠질 수 없는 요소다.

베르거는 우선 깨어 있고 마음이 안정된 피험자의 뇌전도를 측정했다. 이 경우 뇌전도가 전형적 파동을 보여주었다. 100밀리 초에 한 번씩 새로운 파도를 만드는 매우 규칙적인 패턴이었다. 베르거는 이 파동을 그리스 알파벳의 첫 글자인 '알파(α)'를 사용

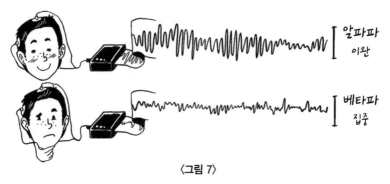

〈그림 7〉

위의 그림은 깨어 있는 안정된 상태의 뇌 활성을 보여주는 아주 규칙적인 알파파이고, 아래 그림은 가령 깊은 생각에 빠졌을 때 관찰되는 불규칙적인 베타파다.

해 '알파파'(〈그림 7〉, 위 참조)라고 명명했다. 알파파 강화법을 가르쳐, 사람들로 하여금 안정을 찾게 하려는 시도가 오늘날에도 여전히 존재한다.

피험자가 마음의 안정을 잃고 뭔가를 곰곰이 생각했을 때, 베르거는 뇌전도에서 다른 파동 패턴을 발견했다. 이때는 파동이 덜 규칙적으로 이어졌다. 파동의 높이와 깊이가 매우 불규칙적이었고 패턴도 더 복잡했다. 이런 파동을 베르거는 그리스 알파벳의 두 번째 글자인 '베타(β)'를 따서 '베타파'(〈그림 7〉, 아래 참조)라고 명명했다. 이것은 생각이 뇌 활성에 영향을 미친다는 첫 번째 증거였다. 그러나 이완이나 집중 같은 모호한 의식 상태를 측정하는 수준에서, 개나 고양이 혹은 쥐 같은 구체적 대상을 떠올리는 생각을 읽는 수준까지 이르려면 갈 길이 멀었다.

뇌전도는 50년 넘게 인간의 뇌 활성을 관찰하기 위한 유일한 방법이었다. 그러나 뇌전도는 두개골 표면의 신호로만 작업할 수 있었으므로 공간 해상력이 매우 제한적이었다. 뇌 깊숙한 곳의 활성을 대략이나마 볼 수는 있겠지만, 해명되지 않은 수많은 질문에 직면하게 된다.[2] 아무튼, 생각의 세부 내용은 뇌전도에 드러나지 않는다. 그러나 뇌전도는 시간 해상력이 매우 높기 때문에 (주사 시점의 간격이 매우 짧다), '생각의 힘으로' 장치를 조종하는 데 매우 적합하다. 이것은 뒤에서 다룰 예정이다.

의학 촬영

1980년대에 비로소 뇌 활성을 3차원으로 세세하게 촬영하는 기술이 개발되었다. 비록 지금도 여전히 개별 신경세포를 분별할 정도의 해상도에는 이르지 못했지만, 그럼에도 이른바 '의학 촬영' 덕분에 뇌 활성 상태를 대략이나마 측정할 수 있게 되었다. 처음엔 방사능을 이용했다. 양전자 방출 단층촬영PET의 경우, 방사성 물질이 뇌 물질대사의 특정 구성 요소를 표시하고, 이 표시의 도움으로 뇌의 어느 부위에서 에너지가 특히 많이 소모되는지 알 수 있었다. 그 결과가 바로 최초의 3차원 뇌 활성 사진이었다.

고등학생 때 과학 잡지《과학 스펙트럼Spektrum der Wissenschaft》을 열심히 읽었는데, 거기서 처음으로 PET에 관해 알게 되었다. 신경과학자 세미르 제키Semir Zeki가 뇌의 어느 부위가 이미지의 어떤 측면에 반응하는지를, 두개골을 열지 않고 어떻게 PET로 알아낼 수 있는지 설명했다.[3] 나는 이 기사에 완전히 매료되었다. PET에 사용되는 방사선 용량은 가끔 사용할 경우 전혀 인체에 해롭지 않았다. 그럼에도 1990년대 초에 방사선이 필요 없는 새로운 측정 기술, 즉 자기공명 단층촬영MRI이 상용화되었을 때, 뇌과학 분야에는 환희의 물결이 넘쳤다(〈그림 8〉 참조). 일반 대중이 '뇌 스캔'이라 부르는 이 기술은 곧바로 뇌 연구에 일대 혁명을 일으켰다. MRI의 도움으로 신체 조직의 영상 단층을 밀리미터 단위까지 쪼개볼 수 있게 된 것이다. 이런 단층촬영을 기반으로, 뇌의 어느 부위가 특히 강하게 활성화되는지 정확히 보게 되었다.

MRI는 폐차장에서 자동차를 공중으로 들어 올리는 자석 크레인의 자기장보다 훨씬 더 강한 자기장을 쓴다. MRI의 자기장은 3테슬라로, 지구의 자기장보다 약 10만 배 더 강하다. 그럼에도 아무튼 인체에 전혀 해롭지 않다. 현재까지 MRI의 자기장 강도가 건강에 미치는 부정적 영향은 보고된 것이 없다. 15테슬라 자기장이면 개구리를 공중 부양시킬 수 있지만,[4] 안전 수칙만 잘 지킨다면 그런 강한 자기장이라도 건강에 전혀 해롭지 않다. 예를 들어 시중의 일반 가위를 주머니에 넣고 검사실에 들어가면, 가위는 엄청난 힘에 이끌려 주머니에서 나와 스캐너 안으로 날아갈 것이다. 이때 환자나 피험자가 스캐너에 누워 있다면, 이 가위가 화살처럼 그를 찌를 것이다. 그러므로 촬영 전에 모든 관계자는 철저한 금속 점검을 받아야 한다. 심박조율기 역시 문제가 되는데, 자기장에 의해 기능이 방해받을 수 있기 때문이다.[5]

병원에서는 일반적으로 뇌의 조직 구조를 조사하는 데 MRI의 도움을 받는다. 뇌에 종양과 혈전이 있으면, 그것들은 건강한 조직과 다른 MRI 신호를 보낸다(〈그림 8〉 참조). MRI는 뇌의 조직 구조를 측정하는 데 사용될 뿐 아니라, 기능적 자기공명 단층촬영 fMRI으로 뇌 활성 상태 역시 어느 정도 확인할 수 있다. 말하자면 뇌의 어느 부위에서 지금 '특히 많은 일이 벌어지는지' 눈으로 볼 수 있다. 이것은 혈액의 자성(자기적 성질) 변화 때문인데, 적혈구의 헤모글로빈 분자가 산소와 결합하느냐 아니냐에 따라 자성이 변한다. 폐에서 신선한 산소를 공급받은 혈액은 자기장을 생성하지 않는다. 그러나 이 혈액이 산소를 뇌 조직에 전달하면 자성이 생긴다. 이런 산소 함유량의 변화가 fMRI로 측정된다. 그렇게 보면, fMRI는 신경세포의 활성을 직접 측정하지 않는다. fMRI의 결과는 혈중 산소 함유량이 중요한 구실을 하는 일련의 긴 사건 끝에 달려 있다.

fMRI의 근본적 한계가 여기서 비롯된다. 측정 해상도는 뇌혈관의 밀도에 좌우된다. 그러므로 fMRI의 해상도는 원칙적으로 혈관계의 해부학적 구조에 한정된다.

일반적으로 fMRI는 대략 1~3밀리미터 해상도로 뇌 과정을 측정한다. 측정 매트릭스(격자)는 작은 각설탕이 모여 있는 정도로 상상하면 도움이 될 텐데, 각설탕 내부에서 혈중 산소 함유량을

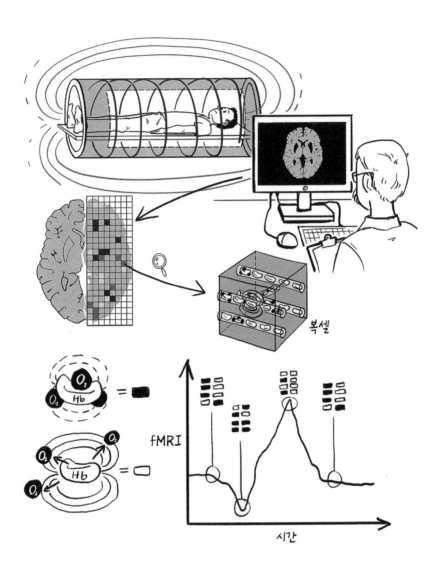

복셀

fMRI

시간

환자가 MRI의 터널 안으로 이동된다. 환자는 초전도 코일이 생성한 매우 강력하고 균일한 자기장 안에 누워 있다. 이제 환자의 신체 조직을 해부학적으로 촬영하여 종양 혹은 뇌졸중 등을 알아낼 수 있다. 그러나 이 장비로 뇌의 활성 상태도 측정 가능하다. 이것을 기능적 자기공명 단층촬영, 약자로 fMRI라고 부른다. 이때 뇌는 복셀이라는(가운데) 작은 육면체로 쪼개진다. 각 복셀 안에는 신경세포에 산소를 공급하는 혈관들이 있다. 각각의 적혈구 안에는 특별한 헤모글로빈 분자가 대략 2억 5천만 개씩 들어 있는데, 이들은 폐에서 산소를 가져와 뇌에 전달한다(왼쪽 아래). 헤모글로빈 분자가 산소를 뇌 조직에 전달하면, 헤모글로빈은 자성을 띠고, 주변 조직에서 균일하지 않은 자기장이 생긴다. fMRI가 이것을 측정할 수 있지만, 뇌의 혈관계 때문에 해상도가 제한된다. fMRI에서 측정된 신호는 여러 단계로 전개된다. 우선 헤모글로빈의 평균 산소 함유량이 줄고 그 결과 신호가 약해진다. 그다음 뇌는 산소 소비를 보충해야 하기 때문에 산소를 함유한 헤모글로빈이 뇌로 유입된다. 이를 통해 신호가 다시 강해지지만 몇 초간 지연이 있다. 나중에 신호는 다시 초기 수준으로 약해진다.

측정할 수 있다. 뇌과학자들은 이 작은 각설탕 육면체를 3차원 픽셀이라는 뜻으로 '복셀Voxel'이라 부른다(〈그림 8〉 참조). 뇌가 수십만 복셀로 나뉘고, 각각의 복셀 안에는 100만 개 이상의 신경세포와 수십억 개의 시냅스가 있을 수 있다.

　fMRI는 뇌전도보다 공간 해상력이 훨씬 높다. 그럼에도 860억 개 신경세포 각각을 모두 측정할 수준에 이르려면 아직 멀었다. 게다가 신경세포의 활성을 직접 측정하는 것이 아니라, 각각의 산소 소비를 통해 조사할 수 있기 때문에 시간 지연까지 고려해야 한다. 신경 조직에서 산소가 소비되면, 뇌는 산소를 함유한 혈액을 더 많이 조직으로 유입하기 위해 혈관을 확장한다. 그래서 심지어 산소를 함유한 혈액의 과잉 현상도 짧게 생긴다. 이 효과는 눈에 아주 잘 띄고, fMRI 신호의 가장 중요한 기반이다. 그러나 이 효과에는 몇 초의 시간 지연이 있다. 그것은 혈관이 확장하는 데 걸리는 시간이다. 언젠가 창피한 일이 생겨 얼굴이 빨개진 적이 있다면, 아마 이 현상을 잘 알 것이다. 창피함을 일으키는 일이 벌어지고 몇 초 뒤에 창피함에 얼굴이 붉어진다. 이런 지연 효과 역시 혈관 확장에서 비롯된다. fMRI에서도 비슷하다. 이 기기는 일부 뇌 영역의 지연된 '붉어짐'을 측정하고, 그래서 신호는 신경세포의 활성보다 몇 초 늦게 따라온다.

그러므로 fMRI 측정은 몇 가지 약점이 있는 간접적 절차다. 그러나 현재 그것은 건강한 피험자의 뇌 활성을 세밀하게 측정하는 최고의 방법이다.

알록달록한 뇌 활성 사진

fMRI 측정 결과는 기본적으로 알록달록하게 표시되어(〈그림 9〉 참조) 뇌의 단층 하나와 그것의 활성 상태를 보여준다. 픽셀의 색이 밝을수록 활성이 강하다.

언론 매체가 뇌과학을 보도할 때, 이런 사진들을 종종 보여준다. 그러나 이때 몇 가지 오해가 생기는데, 뇌 활성 지도는 뒤집을 수 없는 명백한 사실을 보여주는 사진이 아니다. 뇌 활성 지도

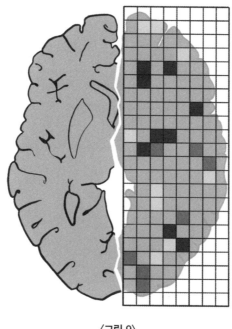

〈그림 9〉

이런 사진들은 많은 경우, 단 한 번의 짧은 측정 결과가 아니라 수백 번 측정한 결과의 총합이다.

는 확률로 말한다. 색으로 표시된 픽셀은, "이곳이 활성화되었다"라고 말하지 않고, "이곳이 활성화되었을 **확률이 높다**"라고 말한다. 확률로 말한다는 것은 픽셀이 이따금 잘못 표시될 수 있다는 뜻이기도 하다. 이것을 염두에 두는 것은 픽셀을 해석하는 데 대단히 중요하다. 당시 젊은 뇌과학자였던 크레이그 베넷Craig Bennett은 미국 다트머스대학 학생 신분으로 2005년 봄에, 픽셀의 확률적 특성을 고려하지 않으면 어떤 일이 벌어지는지를 매우 인상 깊은 방식으로 보여주었다.[6] 그는 기뻐하고 겁내고 분노하는 사람의 사진을 MRI 안에 있는 연어에게 보여주면서 연어의 뇌 활성을 측정했다. 그리고 실제로 연어의 뇌에서 사진들에 반응하는 것처럼 보이는 몇몇 픽셀을 발견했다. 그러나 아주 작은 실수가 있었다. 측정 당시 연어는 이미 죽은 지 오래였다! 이런 방식으로 베넷은 색상을 띠는 픽셀을 그냥 믿어서는 안 됨을 명확히 했다.

fMRI 방법이 틀렸다는 것이 아니라, 개별 픽셀을 과잉 해석해서는 안 된다는 얘기다. 뇌 활성으로 표시된 픽셀은 그곳이 특정 확률로 활성화되었지만, 반드시 그렇다는 보장은 없다는 뜻이다. 과학자들은 이것을 명확히 알지만,[7] 대중에게 과학적 사실을 전달할 때 종종 이런 제한들이 삭제된 채로 전해진다. 사실 개별 픽셀은 그다지 중요하지 않은데, 뇌과학자들은 생각을 읽기 위해 뇌 활성의 전체 패턴을 살피기 때문이다.

6장

뇌의 언어

〈그림 9〉를 찍을 때, 뇌 스캐너 안에 누운 사람은 무슨 생각을 했을까? 솔직히 아주 고약한 질문인데, 나 역시 수년간의 경험에도 불구하고 뇌 활성 패턴만 잠깐 봐서는 피험자가 무슨 생각을 하는지 알 수 없기 때문이다. 뇌 활성 사진들은 컴퓨터의 분석이 필요하다. 몇 년 전 베른슈타인 센터 MRI 실험실을 방문했던 한 기자가 다소 실망했던 이유도 이것 때문이었다. 그녀는 마치 예술사학자가 박물관의 명화를 분석하듯, 우리가 fMRI 영상을 분석하리라 기대했던 것이다. 기자는 우리가 fMRI 사진들을 실험실 벽에 걸어놓고, 그 안에 어떤 메시지가 있는지 마침내 알아낼 때까지 오래도록 찬찬히 관찰하며 연구하리라 생각했다. 그러나 우

리의 연구 일상은 그렇지 않다. fMRI 사진의 중요한 정보들은 눈으로 판독할 수 없다. 눈으로 사진을 분석하는 대신, 컴퓨터를 학습시켜서 뇌의 생각 코드를 분별해내게 해야 한다. 그러나 그전에 먼저 한 가지 질문에 답해야 한다. 생각 코드란 정확히 무엇인가?

생각 코드를 판독하려면 먼저 데이터를 자세히 살펴봐야 한다. 뇌는 생각이 등장할 때마다 각각의 생각에 맞는 반복 가능한 정밀한 활성 패턴을 만들어낸다. 아주 단순하게 말하면, 이것은 CD와 비슷한데, 음악이 특별한 패턴으로 코딩되어 CD에 수록되는 것처럼, 뇌에서도 다양한 생각이 신경 활성 패턴으로 코딩된다. CD에서 베토벤의 〈피아노 소나타 제8번 '비창'〉을 틀면, 매번 정확히 같은 피아노 소나타가 나온다. 코딩된 패턴이 바뀌지 않기 때문이다. 생각도 이와 비슷하다. CD가 음악을 전달하는 매체라면, 뇌는 생각을 전달하는 매체인 셈이다. 물론 뇌와 CD의 비교는 여러 곳에 결함이 있다. 무엇보다 뇌는 역동적이고 언제나 능동적으로 정보를 작업하고, 우리는 색깔을 보고 소리를 듣고 기억을 떠올린다. 그래서 생각은 쉼 없이 변한다. 그럼에도 생각과 뇌 활성 패턴 사이에는 CD의 경우처럼 체계적 질서가 있다.

다만 문제가 있다면, CD는 기술 설명서를 보면 표면에 어떤 패턴으로 음악이 코딩되었는지 알 수 있지만, 뇌의 경우에는 우리가 생각 코드 혹은 뇌의 언어를 알지 못하기 때문에 패턴을 이해하기가 훨씬 어렵다. 뇌의 코드를 모르면, 이집트 상형문자(〈그

<그림 10>

뇌 활성 패턴과 마찬가지로 이집트 상형문자 역시 번역의 도움이 없으면 그 의미를
이해하기 어렵다. 어쩌면 당신은 위의 상형문자를 보면서, 새와 관련된 내용이리라
추측할 것이다. 그러나 이 상형문자는 '뇌'를 뜻한다.

림 10〉 참조) 앞에 선 관광객처럼, 뇌 활성 패턴 앞에 그저 서 있을
수밖에 없다. 로마시대 이후로 상형문자의 코드가 이집트에서 점
차 잊혔기 때문에, 약 250년 전까지는 이 제멋대로인 그림이 무
엇을 뜻하는지 인류는 명확히 알 수 없었다. 1799년에 로제타석
이 발견되면서 비로소 상황이 바뀌었다. 문화적으로나 역사적으
로나 매우 중요한 로제타석의 발견으로, 우리는 이제 이집트 상
형문자를 이해할 수 있게 되었다. 로제타석에는 상형문자와 고대
그리스어가 나란히 새겨져 있었기 때문이다. 고대 그리스어는 잘
알려져 있었으므로, 기원전 약 3000년에 새겨진 상형문자의 의
미를 판독할 수 있었다.

　뇌 활성 패턴을 생각으로 번역할 수 있게, 뇌의 언어에도 일종
의 로제타석이 있으면 얼마나 좋을까. 하지만 안타깝게도 그런
것은 없다. 사고 세계의 신경 패턴을 읽기 위해 뇌과학은 다른 방

법을 찾아야 한다. 로제타석과 비슷한 기능을 할 일종의 번역표를 현대 과학의 기술로 만들 수는 없을까? 그러려면 한 사람을 스캐너에 눕히고, 그 사람이 특정 생각을 하는 동안 그의 뇌 활성 패턴을 기록해야 하리라. 그러면 뇌 활성 패턴과 그에 해당하는 생각을 나란히 기록한 일종의 사전을 만들 수 있고, 지금 뇌가 무엇을 생각하고 꿈꾸고 느끼는지를 재빨리 사전에서 찾아볼 수 있으리라.

그러나 이때 중대한 질문이 하나 생긴다. 〈그림 9〉에서 과연 어떤 픽셀이 생각과 정확히 관련이 있을까? 생각은 어떻게 뇌에 저장될까? 죽은 연어의 MRI 사례에서 볼 수 있듯이, 개별 픽셀이 과연 생각과 관련이 있는지 아니면 조명 조건이 나쁜 상황에서 촬영된 사진에서처럼 그저 노이즈에 불과한지 명확히 물어야 한다. 다른 한편으로, 미세한 세부 사항을 살펴봐야, 이 사진이 얼마나 많은 생각을 보여주는지 비로소 알아차리게 될 것이다. 역시 올바른 코드를 알아야 한다.

뇌의 생각 코드

코드는 어떻게 사용하는 걸까? 간단한 사례를 들어보자. 율리우스 카이사르는 아마 군사 기밀을 지키기 위해 코드를 사용한 최초의 사람일 것이다.[1] 카이사르의 코드에서는 모든 알파벳이 세 단계 뒤의 알파벳으로 교체되었다. 예를 들어 A자리에 D가 오고, B자리에 E가 오는 식이다. 모든 알파벳에 각각 다른 알파벳이 할당되었다. 이런 코딩 원리를 알면, 한 글자 한 글자를 재배열하여 원래 메시지를 알아낼 수 있다.

그러나 정말로 각각의 모든 알파벳에 고유한 코드 알파벳이 할당되었을 때만, 이런 코딩이 제 기능을 한다. A와 B가 모두 D로 판독된다면, 원래 메시지를 더는 정확히 재배열할 수 없을 것이다. 이를 뇌의 사례로 옮겨보면, 이 말은 모든 생각에 고유한 뇌 활성 패턴이 할당되어야 한다는 뜻이다. 그렇다면 어떤 뇌 신호가 적합할까?

각각의 생각에 신경세포 하나씩 할당한다면, 아주 간단할 것이다. (당연히 이것은 심하게 단순화된 사고실험에 불과하다. 앞에서 말했듯이, 개별 생각을 신경세포 하나의 활성으로 코딩하면, fMRI 혹은 EEG 같은 현대 뇌과학 기술의 낮은 해상도로는 각 코드를 측정할 수 없으리라. 그럼에도 이런 기기로 특정 원리들을 시각화할 수 있다.) 예를 들어 개를 생각하면, 신경세포 1이 활성화될 것이고, 고양이를 생각하면 신경세포 2가 활성화되는 식이다. 신경세포가 860억 개나 되니, 그 정도면 아주 충분하지 않을까? 이 모델에 따르면, 뇌는 주변에서 들어오는 정보를 다양한 단계로 작업할 것이고, 마지막 단계에서 생각을 담당하는 특정 신경세포가 발화할 것이다. 예를 들어 할머니가 시야에 들어오면, 할머니 신경세포가 발화하고, 할아버지가 시야에 들어오면 할아버지 신경세포가 발화할 것이다. 1969년에 미국 뇌과학자 제롬 레트빈Jerome Lettvin은 시야에 들어온 대상과 신경세포 사이에 1:1 할당이 있을 것이라고 주장하며 이것을 '할머니세포 이론'이라 불렀다.[2] 이 이론에 따르면, 신경세포는 선택도가 아주 높아서 특정 대상 하나에만, 예를 들어 할머니에만 반응하고 나머지 모든 것은 흐려진다. 그러나 동시에 신경세포는 매우 예민하여, 할머니에 관한 모든 생각에, 그러니까 할머니를 볼 때뿐만 아니라 그저 할머니를 생각하거나 함께 있었던 상황을 떠올릴 때도 반응한다. 이 이론에 따르면, 할머니를 왼쪽 혹은 오른쪽에서 보든, 사진으로 보든, 심지어 할머니가 만든 맛있는 케이크를 먹을 때조차도 언제나 같은 신경세포가 발화한다.

이런 코딩 방식은 유서 깊은 옛 저택에 있던 특별한 종 시스템을 상상해보면 이해하기 쉬울 것이다. 모든 방에는 레버가 있고, 이 레버는 하인들이 지내는 구역에 달아놓은 특정 종과 밧줄로 연결되어 있다. 서재에서 레버를 당기면 첫 번째 종이 울리고, 식당에서 레버를 당기면 두 번째 종이 울리는 식이다(〈그림 11〉, 위 참조). 여기서도 '할머니세포 이론'에서처럼 레버와 종이 1:1로 할당되고, 그래서 하인들은 자신들이 어디로 가야 할지를 즉시 알았다. 합당하게도 할머니세포는 '라벨 선Labelled line'이라고도 불렸다. 〈그림 11〉에서 신경세포는 종 시스템의 레버와 같다. 이 레버가 당겨지면 특정 생각의 종이 울린다.

생각과 신경세포의 1:1 할당이라는 상상은 오랫동안 비웃음을 받았다. 인간이 할 수 있는 온갖 생각들의 무한한 수를 어떻게 제

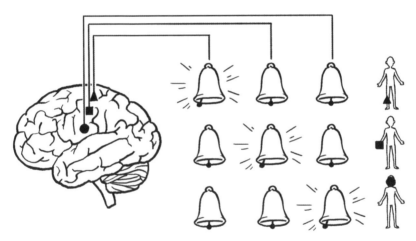

<그림 11>

위: 리버풀의 스피크 홀 저택 하인들을 위한 종 시스템.

아래: '라벨 선' 원리에 따른 코딩. 촉각 뇌지도의 각 점은 신체 표면의 한 점과 일치한다. 말하자면 뇌 영역과 촉각 경험이 1:1로 할당된다.

한된 수의 신경세포로 저장할 수 있냐는 지적이 있었다. 생각 하나에 신경세포 하나가 필요하다면, 언젠가 860억 개 신경세포로는 부족하지 않겠나?

그럼에도 할머니세포 코드를 지지하는 것도 더러 있다. 예를 들어 1장에서 설명했던 뇌지도의 원리가 이와 유사하다. 호문쿨루스(〈그림 4〉)에서도 뇌피질 영역과 신체 표면이 1:1로 할당되었기 때문이다. 말하자면 각 신체 영역과 연결된 각 뇌피질 영역에 이른바 전용 종이 있다. 뇌지도의 각 영역과 신체 표면의 한 지점이 일치한다(〈그림 11〉, 아래 참조).

그러나 복잡한 인식에서도, 심지어 두뇌에 있는 개별 신경세포 차원에서 할머니세포 코드가 투입될 수 있다. 아르헨티나 뇌과학자 로드리고 퀴안 퀴로가Rodrigo Quian Quiroga 연구팀이 2005년에 획기적인 조사를 했다. 연구팀은 수술을 받는 간질 환자에게 다양한 유명인의 사진을 보여주고 뇌의 개별 신경세포에서 무슨 일이 벌어지는지 측정했다. 이런 방식으로 실제로 특정 사진에만 반응하는 개별 세포들을 알아낼 수 있었다. 한 환자의 경우 예를 들어 영화배우 제니퍼 애니스턴을 보면 특정 신경세포가 항상 반응했다. 이 환자에게 다른 영화배우 사진을 보여주면, 이 신경세포는 반응하지 않았다. 하지만 제니퍼 애니스턴의 사진에서는 포즈나 촬영 각도에 상관없이 반응을 보였다. 연구팀은 다른 환자의 뇌에서 아카데미 여우주연상 수상자 할리 베리에만 반응하는 신경세포를 발견했다. 정말로 자연은 우리의 경험을 개별 신경세포에 저장하기로 결정한 걸까?

안타깝게도 진실은 이 사례에서 추측할 수 있는 것보다 훨씬 복잡하다. 연구팀이 간질 환자에게 모든 사람의 사진을 보여줄 수는 없었으므로, 몇몇 다른 사람의 사진 역시 제니퍼 애니스턴 세포의 반응을 끌어낼 수 있었다고, 충분히 의심할 수 있으리라. 또한, 연구팀은 모든 환자의 모든 신경세포를 조사하지 않았다. 그러므로 제니퍼 애니스턴에 반응하는 세포가 더 있을 수도 있다. 모든 가능한 사진과 모든 신경세포의 완전한 조사가 이루어져야만 비로소 이런 의심이 사라질 수 있다. 그러나 그것은 분명 끝없는 힘든 작업이 될 것이다.

할머니세포 이론의 대안이 있을까? 만약 개별 신경세포의 활성이 아니라면, 어쩌면 여러 신경세포의 반응 패턴이 개별 생각을 표시할 수도 있지 않을까? 예를 들어, 개를 생각하면 신경세포 1과 신경세포 3이 활성화되고, 고양이를 생각하면 신경세포 1과 신경세포 2가, 쥐를 생각하면 신경세포 2와 신경세포 3이 반응할 수 있다(〈그림 12〉 참조).

이런 생각을 읽어내려면, 여러 신경세포를 동시에 관찰해야 한다. 신경세포 1의 활성만 관찰한다면, 그것이 개 때문인지 고양이 때문인지 알 수 없기 때문이다. 눈으로 본 대상을 코딩한 활성 패턴을 여러 신경세포가 동시에 만들면, 그것을 '군집 코딩Population coding'이라 부르는데, 신경세포가 무리를 지어, 즉 군집하여 활성화되기 때문이다.

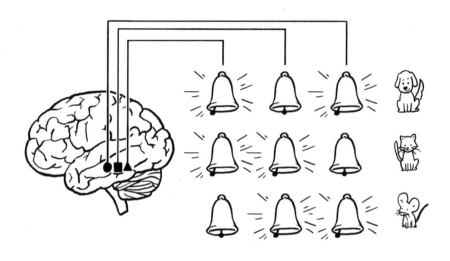

〈그림 12〉

군집 코딩. 신경세포의 다양한 조합으로 생각을 코딩할 수 있다.

이런 군집 코딩에는 큰 장점이 있다. 확실히 조합 가능성이 무한하다. 숫자판이 860억 개인 자물쇠의 비밀번호가 몇 개나 될지 상상해보라('뇌 패턴의 무한한 변형' 참조). 가능한 비밀번호를 적으려면, 성경책 약 1만 권에 해당하는 공책을 채워야 할 테고, 이것은 신경세포가 단순히 '켜기' 혹은 '끄기'만 할 수 있다고 가정했을 때 얘기다. 그러나 실제로 신경세포의 활성은 다양한 강도로 단계별로 나타날 수 있다. 다시 말해, 군집 코딩의 가능성 규모는 천문학적이다.

그러나 군집 코딩에는 장점만 있는 것은 아니다. 여러 사람이 동시에 시야에 있으면, 할머니세포 이론이 코딩하기에 더 쉬울

뇌 패턴의 무한한 변형

단순화하여 계산해보자. 신경세포가 단 10개만 있다고 가정하자. 그러면 뇌는 할머니세포 원리로 각 신경세포에 인식된 대상 하나씩 총 10개를 코딩할 수 있다. 반면 뇌가 군집 코딩으로 활성 패턴을 만든다면, 훨씬 더 많은 대상을 코딩할 수 있다. 더 단순화시켜서, 각 신경세포가 발화하거나 발화하지 않는다고 가정해보자. 그러면 각 신경세포는 두 가지 상태를 갖는다. 신경세포가 두 개뿐이라면, 첫 번째 세포에 두 가지, 그리고 두 번째 세포에 두 가지 상태가 있으므로 $2 \times 2 = 4$가 된다. 만약 신경세포가 세 개라면, $2 \times 2 \times 2 = 8$이 된다. 만약 신경세포가 열 개라면, $2 \times 2 \times 2 \times 2 \times 2 \times 2 \times 2 \times 2 \times 2$개의 가능성이 있다. 그러면 2^{10}(즉, 1024)개의 서로 다른 생각을 코딩할 수 있다. 신경세포가 860억 개이므로 $2^{86000000000}$개의 서로 다른 생각을 코딩할 수 있다. 이것은 10 뒤에 0이 약 250억 개가 붙는 수치다. 이 정도면 사고 세계의 모든 측면을 코딩하기에 충분한 조합을 만들 수 있으리라. 뒤에서 비유적 사고의 개수를 예상할 때, 이와 비슷한 계산을 다시 다루게 될 것이다.

것이다. 할머니에 신경세포 하나, 할아버지에 신경세포 하나가 할당되었으면, 두 사람이 동시에 같은 공간에 있을 때도 코딩할 수 있다. 그냥 두 세포가 발화하기 때문이다. 그러나 군집 코딩의 경우 그렇게 간단하지만은 않을 것이다. 할머니와 할아버지의 코딩에 여러 신경세포가 관여했다면, 활성 패턴이 겹쳐 간섭현상이 발생할 수 있다. 〈그림 12〉에서 이것을 확인할 수 있다. 만약 신경세포 세 개가 모두 발화하면, 그것은 개와 고양이, 개와 쥐 혹은 고양이와 쥐로 보일 수 있다. 그러므로 겹쳐진 생각을 읽기는 군집 코딩이 훨씬 어렵다. 이것은 저택의 종에서 다시 명확해진다. 군집 코딩의 경우, 한 방을 위한 신호는 음악 코드처럼 한 개가 아니라 여러 개가 동시에 울릴 것이다. 살롱 혹은 다른 방에서 레버를 당기면, 울리는 종이 각각 달라진다. 종들은 서로 다른 세기로 울리고 혼동할 수 없는 독특한 패턴을 만든다. 그럼에도 저택의 집사는 자신을 어디에서 부르는지 명확히 알 수 있을까? 방마다 패턴이 다르다면, 왜 안 되겠는가? 그것은 기본적으로 전혀 문제가 되지 않는다. 서로 다른 종소리가 방에 따라 개별적이고 특징적인 복잡한 음을 만들 것이다.

브레인 리딩, 즉 뇌 활성 패턴에서 생각을 판독할 때, 우리 뇌과학자의 역할은 저택의 집사와 아주 유사하다. 집사가 종소리에 주의를 기울이는 것처럼, 우리는 뇌의 활성 패턴을 살핀다. 생각을 판독하기 위해 전체 복셀의 활성 패턴을 살핀다. 어떤 복셀은 더 강하게 반응하고 어떤 복셀은 더 약하게 반응하는데, 이때 중요한 것은 개별 영역의 반응 강도가 아니라 강도의 차이로 만들어지는 전체 패턴이다. 예를 들어 누군가 자기 할머니를 생각하면, 복잡한 활성 패턴이 만들어지는데, 이 패턴은 할아버지 혹은 꽃다발을 생각할 때는 생기지 않고, 할머니를 떠올릴 때 정확히 다시 등장한다.

그런 식으로 각각의 생각은 고유한 신경세포 신호를 가졌고, 이것은 fMRI의 거친 해상도로도 어느 정도까지는 측정될 수 있다. 그러나 생각이 뇌의 어느 위치에 있는지는 특정할 수 없다. 생각은 그물망처럼 광범위하게 퍼져 있는 활성 패턴으로 코딩된다(〈그림 9〉 참조). 뇌에 광범위하게 퍼져 있는 관련된 모든 활성이 동시에 표시되어 패턴을 보여줘야만, 완성된 그림을 얻을 수 있다.

그렇다면 어떤 코딩 원리가 맞을까? 예전에는 생각이 정확히 뇌에 있다고 믿었다. 그래서 얼굴 인식은 제한된 협소한 영역에서만 일어나고, 두려움은 뇌의 편도핵에서만 생긴다고 생각했다. 그러나 그사이 fMRI 촬영으로 명확해졌듯이, 얼굴 인식도 두려움도 한 장소에 제한된 현상이 아니다. 피험자가 얼굴 사진을 보거나 기쁨을 느끼는 동안, 피험자의 뇌 활성을 관찰하면, 뇌의 여러 영역이 활성화되고, 그중 일부는 서로 멀리 떨어져 있다. 통증 감지 역시 명확히 제한된 장소가 따로 있는 것 같지 않다. 오히려 뇌 전체에 넓게 퍼져 있는 그물망으로 코딩된다.

결정하기, 계획하기, 언어로 표현할 수 있는 모든 생각 등, 더 높은 수준의 의식 현상은 아무튼 다양한 뇌 영역에 퍼져 있다. 또한, 그런 사고 과정은 수많은 관련 정보의 작업도 요구한다. 할머니가 갓 구운 케이크를 주었는데, 다이어트 중이라 그 케이크를 먹어도 될지 고민될 경우, 수많은 측면이 결정에 영향을 미친다.

가령, 케이크를 본다, 옛날 일을 떠올린다, 냄새를 맡는다, 입에 퍼지는 기분 좋은 맛을 상상한다, 케이크 맛에 벌써 설렌다, 동시에 다이어트 때문에 가책이 느껴져 먹고 싶은 충동을 억제하고자 한다. 생각은 여러 측면이 겹쳐져 만들어진다. 그래서 생각할 때 발생하는 뇌의 신호도 매우 복잡하다.

7장
생각 코드를 판독하는 컴퓨터

앞서 보았듯이, 뇌 활성 패턴의 메시지를 사람의 눈으로 판독하기란 불가능하다. 뇌 활성 패턴을 읽으려면 뇌 언어의 코드 원리를 알아야 하고, 그것을 위해 고성능 컴퓨터가 필요하다.

2013년에 사라 엘서Sarah Elßer라는 기자가 베른슈타인 센터로 나를 찾아왔다. 그녀는 과학 잡지 《플라네토피아Planetopia》에 실을 기사를 쓰고 있었는데, 뇌 스캐너를 이용한 생각 읽기가 어떻게 작동하는지 독자들에게 알리고 싶다며, 사진 열 장을(〈그림 13〉 참조) 가져와서 내게 물었다. "스캐너 안에서 제가 어떤 사진을 생각하는지, 뇌 활성 패턴을 보고 알아낼 수 있을까요?"

당연히 우리는 그전에 먼저 몇 번의 '연습 촬영'이 필요했는데,

세부 뇌 활성

연습   테스트

〈그림 13〉

각 사진 아래의 이미지는 해당 사진을 보는 동안 측정한 뇌 활성 패턴이다. 맨 아래에는 사진들 가운데 하나의 시각피질 세부 단면이 있다. 컴퓨터를 학습시키는 데 사용된 패턴(연습)과 나중에 테스트에 사용된 패턴(테스트)이 매우 유사함을 확인할 수 있다. 둘 사이에 생긴 작은 차이는 아마도 측정 노이즈이거나 해당 사진이 매번 약간씩 다른 연상을 일으켰기 때문이리라.

컴퓨터가 우선 개별 사진의 활성 패턴을 학습해야 했기 때문이다. 연습 촬영을 위해 기자가 스캐너 안에 누워 각각의 사진을 보았고, 그러는 동안 우리는 그녀의 뇌 활성을 측정했다. 사진에 담긴 것들은 브란덴부르크 문, 장미 꽃다발, 셰퍼드 등이었고, 기자가 각 사진을 보는 동안 측정된 활성 패턴은 〈그림 13〉에서 각 사진의 바로 아래에 있다.

연습 촬영을 마친 뒤 진짜 테스트가 진행되었다. 사라 엘서가 사진 하나를 보았고, 우리는 그녀가 본 사진이 어떤 사진인지 알지 못했다. 그녀가 사진을 머릿속에 떠올리는 동안 우리는 그녀의 뇌 활성 패턴을 측정했다. 〈그림 13〉 맨 아래 '테스트'라고 적힌 오른쪽 패턴이 그것이다. 우리는 이 패턴을 보고, 사라 엘서가 방금 어떤 사진을 생각했는지 알아내야 했다. 그녀가 정답을 미리 칠판에 적어두었지만, 우리 연구자들이 볼 수 없게 가려놓았다. 우리가 정답을 맞힐 수 있었을까?

이 패턴은 우리 연구자들이(더 정확히 말해 우리가 학습시킨 컴퓨터가) 생각 읽기를 얼마나 잘하는지 테스트하기 위한 것이었으므로, 이것을 '테스트 패턴'이라고 부른다. 당신이라면 이 테스트 패턴을 해석하기 위해 어떻게 하겠는가? 분명 당신은 테스트 패턴을 사례 패턴 혹은 연습 패턴과 비교할 생각을 재빨리 해낼 것이다. 비교해봤을 때, 테스트 패턴과 정확히 똑같은 사례 패턴은 없지만 다른 것들보다 더 비슷한 패턴이 하나 있다면, 정확히 그것을 택할 것이다. 〈그림 13〉에서 '연습'이라고 적힌 패턴이 바로 그것이다.

우리는 컴퓨터가 뇌 스캔에서 알아낸 것들을 각각의 사례와 비교했다. 그다음 칠판에 적힌 정답을 확인했다. 그런 식으로 모든 사진을 테스트했다. 컴퓨터는 완벽하게 실력을 발휘하여 매번 정답을 맞혔다. 그러나 항상 그런 것은 아니다.

당신이 패턴에서 아무것도 알아차릴 수 없고 그저 감으로 맞혀야 한다고 가정해보자. 그러면 대부분 틀린 답을 말할 테고, 그럼에도 더러는 우연히 맞힐 것이다. 만일 선택지가 열 개이고 이들 중 하나를 선택할 확률이 모두 같다면, 우연히 맞힐 확률은 10분의 1이다. 그러나 적중률 10퍼센트로는 신뢰할 만한 결과를 낼수 없다. 이는 10면체 주사위를 던지는 것과 같다. 그러나 그런 실험에서 적중률이 10퍼센트를 넘어 심지어 50퍼센트가 넘는다면, 비록 틀린 답을 여전히 종종 말하더라도 단지 우연히 맞힌 것이라고 말할 수 없다. 말하자면, 사진과 뇌 활성 패턴의 관련성을 입증하는 증거 몇 가지를 알아차린 것이다. 패턴의 차이점을 잘 분별할수록, 적중률은 더 높아질 것이다. 최상의 경우 적중률은 100퍼센트에 도달한다.

그러나 만약 적중률이 0퍼센트라면 어떻게 되는 걸까? 어쩌면 기이하게 들리겠지만, 만약 매번 틀린다면, 이때도 역시 당신은 패턴에서 뭔가를 알아차린 것이다. 이런 경우 적중률을 우연한 수준 이상으로 높이기 위한 최고의 전략은 아마도 오답이라고 여기는 것을 선택하는 것이다.

컴퓨터가 생각을 판독할 때 그와 비슷하게 한다. 생각을 판독할 때 컴퓨터를 이용하는 방식에는 두 가지 중요한 장점이 있다. 서로 비슷한 생각일 경우(예를 들어, 셰퍼드와 닥스훈트처럼), 컴퓨터가 인간보다 더 잘 구별한다. 또한, 수많은 여러 생각 패턴을 다룬다면, 인간은 금세 인지적 한계에 다다르지만 컴퓨터는 그렇지 않다.

아무튼, 앞에 소개한 테스트에서 컴퓨터는 적중률 100퍼센트로 기자의 생각을 알아냈다. 그런데 컴퓨터는 어떻게 패턴을 정확히 구별할까? (자세한 내용은 다음의 박스에서 읽을 수 있다.) 컴퓨터는 어떻게 패턴을 식별하여 높은 적중률을 보일 수 있을까? 오로지 이 질문에만 몰두하는 연구 분야가 있다. 뇌 활성 패턴은 원칙적으로 지문이나 얼굴과 다르지 않다. 그것은 3차원 패턴이고, 그런 패턴의 기계적 식별 원리는 언제나 같다.

식별 원리: 컴퓨터는 뇌 활성 패턴을 어떻게 읽을까?

피험자가 개를 생각하는지 브란덴부르크 문을 생각하는지 뇌 활성 패턴에서 알아내야 하고, 이 두 생각의 뇌 활성 패턴을 몇 번 측정했었다고 가정해보자. 〈그림 14〉에서는 복셀이 단 두 개뿐이다(당연히 실제로는 훨씬 더 많다). 이 두 복셀의 활성이 1부터 9까지 아홉 단계 변형이 있다고 가정하자. 이제 두 복셀의 활성 단계 수치 중 첫 번째 복셀은 좌표계의 x

축에, 두 번째 복셀은 좌표계의 y축에 기록할 수 있다. 피험자가 개를 생각할 때 좌표계의 수치는 2와 8이고, 브란덴부르크 문은 7과 3이다. 이런 식으로 여러 번 반복하여 모든 뇌 활성 측정 결과를 좌표계에 기록한다. 개의 수치는 O로 표시하고 브란덴부르크 문은 X로 표시한다. 모든 복셀이 분석되었으면, 좌표계를 다시 살핀다. 이상적인 경우, '개'에 해당하는 O와 '브란덴부르크 문'에 해당하는 X 사이에 명확한 구분이 있음이 확인된다. 패턴 인식 알고리즘은 O와 X를 최적으로 분리할 수 있는 선(그림에서 대각선으로 그어진 선)을 학습한다. 이 사례에서는 그것이 아주 잘 작동한다. 점들이 약간씩 서로 겹치더라도, 알고리즘은 패턴을 아주 효율적으로 구별하는 데 도움이 되는 분리선을 찾아낸다.

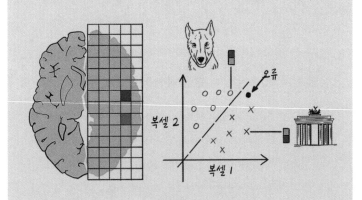

〈그림 14〉

'개'와 '브란덴부르크 문'의 뇌 활성 패턴이 명확히 구분된다.

이때 불가피하게 오류도 발생한다. 가령, O가 갑자기 분리선 다른 편에서 등장한다. 이런 경우는 말하자면 '개'를 '브란덴부르크 문'으로 잘못 분류한 것이다. 이때 등장하는 좌우명이 바로 '실패는 성공의 어머니'다. 컴퓨터는 모든 오류를 기반으로 자신의 분리선을 개선할 수 있다. 분리선을 약간 '구부리기만' 하면, O와 X를 완벽하게 분리할 수 있다. 그러나 분리해야 할 두 대상의 활성점들이 너무 심하게 섞여 있으면, 패턴 구별이 힘들어진다. 그러면 적중률이 낮을 수밖에 없다.

먼저 활성 패턴을 측정하고 그다음 그것을 컴퓨터에게 가르쳐서 생각을 식별하게 하는 방식은 아주 잘 작동한다. 그러나 이런 방식으로는 자유로운 생각을 읽을 수 없다. 단지 컴퓨터가 미리 학습한 생각만을 읽을 수 있을 뿐이다. 엄격히 말하면 이것은 생각을 읽는 것이라기보다는 기억해내는 것에 가깝다. (이 한계를 극복할 방법을 뒤에서 다룰 예정이다). 피험자가 모니터에서 본 대상을 매우 집중하여 매번 정확히 떠올린다면, 정확한 활성 패턴을 컴퓨터에게 학습시키고 같은 활성 패턴을 100퍼센트 적중률로 다시 식별하게 할 수 있으리라. 그러나 조건이 이상적이지 않으면, 가령 피험자가 집중하지 않아 생각이 오락가락하거나 컴퓨터에게 학습시켜 식별하게 하려는 대상이 서로 매우 유사하면, 우연한 수준보다 살짝 높은 적중률에 만족해야 할 때도 있다.

때때로 적중률이 낮은 원인이 또 있다. fMRI의 작동 방식 때문인데, 각각의 픽셀, 더 정확히 말하면 각각의 복셀에서 최대 수백만 뉴런이 동시에 측정된다. 대상을 100퍼센트 적중률로 알아내게 하는 아주 특별한 신경세포 하나가 복셀 안에 있더라도, 다른 신경세포들에 섞여 희석될 수 있다. 단 하나의 신경세포가 어떻게 나머지 모든 동료에 맞서 이길 수 있겠는가?

100퍼센트 이하의 적중률이 과연 우리에게 유용할까? 그것은 코드 판독의 목표가 무엇이냐에 달렸다. 과학에서는 원칙적으로 우연한 수준 이상의 모든 결과는 유의미하다. 뇌의 한 영역을 판독할 때 적중률이 60퍼센트라면, 적어도 이 영역에 생각에 관한 어떤 정보가 들어 있다는 뜻이다. 전혀 예기치 못한 뇌 영역에서 생각에 관한 정보를 발견한다면, 그곳에 몇몇 놀라운 일이 숨어 있을 가능성이 존재한다. 예를 들어, 뇌의 한 영역은 이미지에 반응하고(시각피질), 다른 영역은 소리에 반응한다(청각피질). 그러나 환자가 선천적 시각장애를 갖고 있어서 시각피질이 발달하지 않았다면 어떻게 될까? 그러면 이 영역은 전혀 활용되지 않는 걸까? 아니면 기능이 달라질까? 실제로 시각장애인 피험자들의 경우, 시각피질에서도 소리가 판독될 수 있었다. 추측건대 아마도 시각장애인의 시각 시스템이 다른 기능을 넘겨받는 것 같다. 즉, 시각 정보가 없으면 시각 시스템이 시각 정보 판독을 하는 대신 다른 과제를 수행하는 데 도움을 주는 것 같다. 단 60퍼센트의 정확도라도 만약 시각피질에서 소리를 판독할 수 있는 사례가 포착되었다면, 당연히 이런 발견은 매우 흥미롭다. 이 경우, 다양한 감각에서 온 정보를 우리의 뇌가 어떻게 작업하는지, 어느 정도 알게 되었기 때문이다.

그러므로 우연한 수준을 약간 넘는 낮은 적중률도 기초연구에서는 매우 소중하다. 반면 응용연구에서는 당연히 요구되는 사항이 기초연구와는 완전히 다르다. 여기에서는 최대한 높은 적중률이 필요하다. 60퍼센트 확률로 피고인의 거짓말을 밝혀내는 거짓말탐지기는 법정에서 사용되면 안 된다. 뇌전도 모자를 쓰고 인터넷 쇼핑을 하려면, 뇌전도 모자의 제품 분류 정확도가 열 번 중 여섯 번이 아니라, 100퍼센트여야 한다. 그러므로 실험실에서 이루어지는 기초연구가 일상에 활용되기까지는 갈 길이 멀다. 그러나 이런 사실이 언론 매체에서는 종종 삭제된 채 기사가 나간다. 그래서 실현 가능성이 아직 매우 제한적임에도, 사람들은 이미 '생각을 읽는 기계'를 꿈꾸게 된다.

8장

상상의 세계로
줌인

앞서 살펴보았듯이 개, 브란덴부르크 문, 꽃다발을 생각할 때 각각의 뇌 활성 패턴이 아주 달라서, 컴퓨터가 패턴을 분별하여 어떤 그림인지 알아내도록 쉽게 학습시킬 수 있다. 그러나 이것은 의식적으로 선택한 단순한 예시였다. 그렇다면 생각 읽기의 한계는 과연 무엇일까?

신경세포의 활성을 측정하는 뇌 스캐너의 해상력이 매우 제한적이라 이른바 조감도 수준에 머문다면, 개별 생각을 분별하기는 힘들지 않을까? 더 세밀한 세부 사항은 어떨까? 이 질문에 답하기 위해 우리는 컴퓨터가 미세한 차이도 분별할 수 있는지 조사했다.

생각에 서열이 있다고 가정하면, 1단계로 생명체와 사물을 분별해볼 수 있으리라. 생명체는 다시 여러 종으로 분류가 가능하다. 예를 들어 사람이냐 동물이냐와 같이 말이다. 그다음엔 동물을 다시 개, 고양이, 개구리, 거북이, 소 등으로 나누고, 그다음 마지막 단계로 개의 종 혹은 특정 개(예를 들어, 텔레비전 드라마에 나오는 세퍼드 '렉스')를 분별할 수 있는지 조사할 수 있다. 말하자면 생각은 계속해서 세밀해지고, 우리는 그 안으로 '줌인' 해 들어갈 수 있다.

베른슈타인 센터에서는 이미 2011년에, 컴퓨터가 대략의 범주이외에 특별한 요소도 분별할 수 있는지 실험해보았다.[1] 우리는 동물, 자동차, 비행기, 의자, 네 범주를 선택했고, 각 범주의 표본을 가능한 한 다른 것으로 세 가지씩 정했다(〈그림 15〉 참조). 그 결과, 컴퓨터는 최대 90퍼센트 적중률로 대략의 범주를 분별할 수 있었다. 각 범주의 구체적 표본도 대체로 잘 분별했지만, 이때 적중률은 약 70퍼센트로 낮아졌다. 이런 결과는 생각의 세밀한 세부 사항도 어느 정도까지는 읽을 수 있다는 첫 번째 증거로서 충분했다.

그러나 해상도를 더 높일 수는 없을까? 사람의 얼굴을 예로 들어보자. 단순히 사람을 생각한다는 사실을 알아내는 것을 넘어서 구체적인 개인을 생각하는 것 역시 알아낼 수 있을까? 그러니까 피험자가 지금 제니퍼 애니스턴을 생각하는지 아니면 할리 베리를 생각하는지 뇌 스캐너로 알 수 있을까? 답은 '그렇다'이다. 그

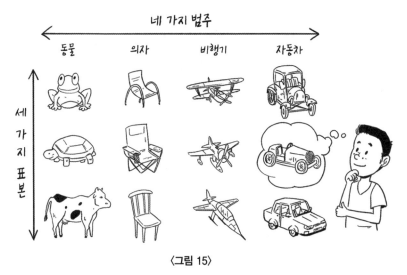

〈그림 15〉

대략의 범주뿐 아니라, 범주 내 표본들의 세밀한 세부 사항도 분별할 수 있는지 조사할 때 사용했던 그림들.

런 생각에 아주 특화된 신경세포가 있다. 그래서 인간은 아주 작은 시각적 세부 사항을 토대로 개인을 식별할 수 있다. 이 능력은 진화에서 매우 중요했는데, 여럿이 모여 있을 때도 누가 친구이고 누가 적인지 재빨리 분별하는 것이 때때로 매우 중요했기 때문이다. 무생물에서도 순간적으로 사람의 얼굴을 보는, 이른바 '파레이돌리아Pareidolia(변상증)' 현상에서, 이런 능력이 원시시대부터 있었음을 알 수 있다(〈그림 16〉 참조).

개인의 얼굴을 식별하는 능력은 사회적 상호작용의 주축이다. 서로 아주 흡사한 얼굴도 있지만, 그럼에도 우리는 성공적으로

〈그림 16〉

(화성의 모래더미 같은) 우연한 패턴에서 사람의 얼굴을 보는 경향을 '파레이돌리아'라고 부른다(왼쪽: 일부분, 가운데: 전체). (다른 방향에서 찍은) 오른쪽 사진에서, 얼굴로 보였던 것이 착시임을 알 수 있다.

잘 분별한다. 그러므로 컴퓨터 역시 인간의 뇌 데이터를 통해 개별 얼굴의 미세한 뉘앙스를 분별할 수 있을까? 뇌에는 얼굴을 식별하는 데 중요한 역할을 하는 여러 영역이 있다. 뇌 손상 환자의 사례 연구에서 잘 알려졌듯이, 이 영역의 일부가 손상되면 얼굴 인식 능력이 급격히 떨어진다.[2] 이 영역의 활성 패턴에서 개별 얼굴을 읽어내는 것도 가능하다.[3] 다양한 사람의 사진을 보여주고(다양한 표정), 그때 이 영역의 뇌 활성을 통해 어떤 사람을 보고 있는지 아주 정확히 알아낼 수 있다.

상상의 세계도 읽어낼 수 있을까?

생각을 읽어내는 앞의 사례들이 정말로 그렇게 대단한 걸까?

스캐너 안에 누운 피험자에게 개, 고양이, 거북이 같은 동물 사진을 보여주는 경우라면, 기본적으로 모니터만 살피면 이 사람이 지금 무엇을 생각하는지 맞힐 수 있으리라. 예를 들어 피험자가 개 사진을 주의 깊게 관찰한다면, 그가 실제로 지금 사진 속의 그 개를 생각할 확률이 매우 높다. 이때는 굳이 뇌 활성까지 측정하지 않아도 된다. 그러나 피험자의 순수한 상상의 세계, 현재 외부 세계의 구체적 자극과 관련이 없는 몽상을 읽어내는 일이라면, 얘기는 완전히 달라진다. 누군가가 몽상에 사로잡혀 있는 동안 어떤 이미지를 상상하는지 브레인 리딩으로 대략이나마 알아낼 수 있을까? 피험자의 상상 속에서만 일어나는 생각을 읽어내는 일은 당연히 기술적으로나 윤리적으로나 훨씬 더 큰 도전 과제다. 이것은 아무도 들여다볼 수 없는 매우 사적인 세계로 침투하는 일이기 때문이다.

나는 베르슈타인 센터에서 당시 박사 과정 학생이었던 라도스라프 치히Radoslaw Cichy와 함께, 순수한 상상도 읽어낼 수 있는지 조사했다. 피험자들은 우선 수많은 사진을 보고 뇌리에 강하게 각인시켜야 했다. 사진들은 시계, 창밖 전망, 아이들의 얼굴 등이었다. 두 번째 단계로 피험자들은 스캐너 안에서 최대한 생생하게 사진을 떠올려야 했다. 실제로 시각 시스템의 활성 패턴을 통해, 피험자가 상상한 사진을 최대 70퍼센트 적중률로 맞힐 수 있었다. 그러므로 순수한 사고 세계를 보는 실험의 결과는 비록 완벽하지는 않더라도, 기본적으로 만족스러웠다.

이제 우리는 한 걸음 더 들어가 과학의 핵심 질문에 다가갔다. 이미 1980년대에 심리학과 뇌과학에서 열띤 토론이 있었다. 소위 '심상 토론Imagery Debate'이란 상상에 관한 토론으로, 결국 핵심 주제는 생각할 때 사용하는 뇌의 언어를 묻는 것이었다. 이 토론에서 완전히 상반된 입장을 가진 두 가지 생각이 대립했다. 캐나다 인지과학자 제논 필리신Zenon Pylyshyn은 그중 한 입장을 대변하는 학자였다. 그는 뇌의 언어가 문장 형식으로 표현된다는 견해를 대표했다.[4] 그는 혼자 속으로 말할 때만 그런 것이 아니라, 상상조차도 문장 형식으로 코딩된다고 믿었다. 예를 들어 개 두 마리가 소파에 앉아 텔레비전을 보는 상상은 다음과 같은 문장으로 코딩된다. "개 두 마리가 소파에 앉아 있다, 텔레비전이 켜져 있다, 개들이 텔레비전을 본다." 필리신이 생각하는 뇌의 언어는 정보를 수학적 문장으로 코딩하는 컴퓨터 언어와 같았다.

그러나 이 견해는 얼마나 타당할까? 예술품이 아니라, 예술품을 상세히 묘사하는 문장들이 전시된 미술관을 상상해보라(〈그림 17〉). 베를린 현대미술관에 라즐로 모홀리 나기László Moholy-Nagy의 추상화 대신에, 그림을 묘사한 문장만 액자에 걸렸다면 어떨까? 필리신이 옳다면, 그림은 어차피 뇌에서 문장으로 전달될 것이므로, 추상화를 눈으로 보는 것과 묘사 문장을 읽는 것에 아무런 차이가 없을 것이다. 그러나 현실은 그 반대가 아닌가? 그림을 눈으로 볼 때의 다양하고 다층적인 경험을 언어로 표현하기가 특히 더 힘들지 않나?

〈그림 17〉

박물관에서 그림 대신 그림을 묘사한 글을 읽는다면, 뭔가가 달라질까?

　말솜씨가 뛰어난 미국 심리학자 스티븐 코슬린Stephen Kosslyn은 심상 토론에서 필리신이 주장하는 바의 반대편에 섰다. 코슬리에 따르면, 우리가 뭔가를 상상하면, 뇌의 시각 시스템이 곧바로 활성화되어 마치 그 대상을 실제로 눈앞에서 보는 것과 똑같은 상황이 뇌에서 벌어진다.[5] 뇌의 언어는 이미지 코드를 사용한다. 시각과 상상에 작동하는 메커니즘이 똑같다. 그러므로 이 가설에 따르면, 미술관에서 그림을 보든, 집에서 상상으로 떠올리든, 뇌에서는 차이가 (거의) 없다. 직접 눈으로 보면 그림들이 더 강하게 차별화되지만, 작동하는 기본 메커니즘은 동일하다.

그러므로 뇌가 상상의 세계를 문장으로 저장하는지 아니면 이미지로 저장하는지 간략히 물을 수 있으리라. (기술적으로 말하면, '명제 표상'과 '심상 표상'의 대결이다). 앞에서 설명한, 사진을 상상하는 실험에서 어느 정도 어둠이 밝혀졌다. 우리는 두 번째 단계에서 코슬린의 가설을 조사했고, 뇌가 상상할 때 실제로 눈앞에서 사진을 볼 때와 똑같은 코드를 사용하는지 알아내고자 했다. 그래서 우리는 피험자가 사진들을 상상하는 동안뿐 아니라, 정말로 사진을 눈으로 볼 때도 뇌 활성 패턴을 측정했다. 두 경우 모두 뇌가 실제로 같은 코드를 사용한다면, 순수한 상상의 뇌 활성 패턴을 컴퓨터에게 학습시킨 후 눈으로 본 사진들을 읽어내게 할 수 있을 것이다.

연구 결과, 실제로 그것이 가능했다. 컴퓨터는 상상의 활성 패턴과 시각의 활성 패턴을 연결할 수 있었다.[6] 이러한 결과는 스티븐 코슬린의 가설을 지지한다. 즉, 시각과 상상의 메커니즘은 매우 유사해 보이고, 문장 형식과는 거리가 멀어 보인다.

우리가 진행한 컴퓨터의 상상 판독 적중률은, 전반적으로 높은 수치를 보인 실제 시각 판독 적중률보다 약간 낮았다. 직접 실험해보면 그 까닭을 알 수 있다. 손목시계, 스탠드 조명 혹은 제일 아끼는 찻잔 등, 일상에서 익숙한 대상을 하나 상상하라. 그렇게 몇 분을 상상한 뒤에 눈을 뜨고 상상했던 그 대상을 직접 눈으로 자세히 살펴라. 어느 쪽이 더 상세한가? 분명히 눈으로 직접 본 대상이 상상한 것보다 더 현실적이고 복잡할 것이다.

이것과 상관없이, 사람마다 사물을 떠올리는 능력이 다른 것도 또 하나의 이유였다. 심지어 어떤 피험자는 특정 사물을 상상하는 데 실패했다고 털어놓았다. 이것을 전문 용어로 '아판타시아 Aphantasia(무상상)'라고 부른다. 어떤 피험자는 대상에 따라 상상해내는 능력이 달랐다. (환각을 제외한) 모든 경우에서, 상상은 실제 시각 경험의 생생함을 이기지 못한다.

단기 기억

또 다른 문제는 순간의 다양한 인상을 상상으로 얼마나 잘 기억해내느냐일 것이다. 식당에서 여럿이 즐겁게 대화를 나눌 기회가 생기면, 모든 것에 주의를 기울여보기 바란다. 사람들, 음식, 주변 테이블에서 들리는 뒤섞인 얘기들, 배경음악…… 그러면 우리의 경험 세계가 아주 복잡하고 다층적이라는 인상을 받게 되리라. 그런 상황에서 잠시 눈을 감고 조금 전에 당신이 본 장면을 떠올린다면, 실제로 얼마나 많은 세부 사항을 떠올릴 수 있을까? 누가 어디에 앉았는지 정확히 기억할까? 맞은편에 앉은 사람의 셔츠 색은? 옆에 앉은 사람이 먹는 음식은? 당신이 눈을 감고 있는 동안, 당신이 있는 테이블 멀리 뒤쪽에 앉은 두 사람이 자리를 바꾼다고 가정해보자. 눈을 다시 떴을 때 당신은 그것을 알아차릴까? 수많은 '변화맹Change Blindness'[7] 실험이 확인시켜주듯이, 우리는 그런 상황에서 아주 큰 변화조차 잘 알아차리지 못한다.

왜 그럴까? 인간의 인식이 대단히 복합적일 것 같지만, 사실 그것은 아주 큰 착각Grand illusion이기 때문이다.[8] 우리는 매 순간 대단히 많은 세부 사항을 인식한다고 믿지만, 사실은 언제나 현재 주의를 기울이고 있는 작은 한 단면만 인식한다.[9] 눈을 감고 인식한 경험을 단기 기억에 '잡아두려' 애쓸 때 비로소 이 사실을 깨닫는다. 전화번호를 들을 때도 비슷한 현상이 나타난다. 숫자가 일곱 개 혹은 여덟 개 이상이면, 들은 즉시 곧바로 말할 때조차 큰 어려움을 겪는다. 단기 기억의 용량이 한정되어 있기 때문이다.

뇌가 단기 기억을 어디에 저장하느냐는 질문은 뇌과학자들 사이에서 오래전부터 여러 연구자들이 대립각을 세우며 토론해온 주제다. 단기 기억 장소의 첫 번째 후보는 1930년대부터 주장되어온 전전두피질, 즉 이마 바로 뒤에 있는 대뇌피질의 일부다. 당시 이를 증명하기 위해 예일대학의 신경생리학자 칼라일 제이콥슨Carlyle Jacobson과 존 풀턴John Fulton이 침팬지의 기억력을 테스트했다. 그들은 침팬지에게 컵 두 개를 보여주었다. 하나는 비어 있었고, 다른 하나에는 견과류가 들어 있었다. 과연 몇 초 뒤에 침팬지들이 어느 컵에 견과류가 들었는지 기억해냈을까? 침팬지들은 테스트를 통과했고, 언제나 먹을 것이 들어 있는 컵을 선택했다. 그러니까 침팬지들은 어디에 먹을 것이 들었는지 기억해냈다. 그러나 제이콥슨과 풀턴이 침팬지의 전전두피질 일부를 수술로 제거한 뒤로는 똑같은 과제 수행에 실패했다. 이 연구 결과로 전전두피질이 단기 기억의 장소로 여겨졌다. 또한 1980년대에 미국의 신경과학자 패트리샤 골드먼라킥Patricia Goldman-Rakic이 원숭이의 전전두피질에서 뭔가를 기억해낼 때만 발화하는 세포를 발견했고, 이 연구 결과 역시 단기 기억을 담당하는 장소로 전전두피질을 가리켰다.[10]

그러나 역시 뇌 활성 패턴 분석에 집중적으로 몰두했던 다른 뇌과학자들은, 몇몇 정보가(적어도 기억된 사진들) 전전두피질이 아니라 곧장 시각 시스템에 저장된다고 보았다. 베른슈타인 센터에서 나는 당시 박사 과정 학생이었던 토마스 크리스토펠과 함께 이것을 근본적으로 파헤쳤다. 우리는 피험자들에게 복잡한 색상 패턴을 아주 잠깐 보여주었다. 그리고 피험자들이 10초 뒤에도 여전히 그 패턴을 기억하는지 확인했다. 우리는 피험자들이 장기 기억이 아니라 단기 기억만 쓰도록 추상 이미지를 사용했다. 추상 이미지가 아니라 〈모나리자〉를 보여주었더라면, 중부 유럽인 모두가 분명히 이 그림을 잘 알고 있었을 테니, 단기 기억만 쓰지는 않았을 것이다. 다른 동료들의 결과와 마찬가지로 우리의 결과 역시 의심의 여지가 없었다.[11] 그림 정보의 단기 기억은 전전두피질이 아니라 시각 시스템에 저장되었다.

기이하게 들릴지 모르지만, 뇌과학 분야에서 전전두피질은 강력한 로비 세력을 가졌다. 이마 뒤에 있는 전전두피질만이 모든 고차원 기능을 담당할 수 있다고 믿는 신경과학자가 아주 많다.

그래서 그들은 우리의 실험 결과 역시 이런 믿음을 바탕으로 해석했다. 시각 시스템이 아주 잠깐 기억을 저장할 수는 있겠으나, 어떤 방식으로든 작업이 되는 즉시 전전두피질이 나설 수밖에 없다는 것이다. 그들의 견해에 따르면, 전전두피질은 모든 최신 관련 정보를 작업하는 책상 혹은 작업대와 같다. 당장 기억해야 하는 모든 것이 단기적으로 이곳에 모인다. 정보를 정신적으로 작업하는 것은 시각 시스템에게 너무 버거운 일이므로, 전전두피질이 반드시 나서야 한다는 주장이다.

이것 역시 간단히 테스트해볼 수 있었다. 우리는 피험자들에게 방금 본 그림을 상상으로 오른쪽 혹은 왼쪽으로 회전하라고 요청했다. 그렇게 하기 위해서 피험자들은 눈으로 본 것을 단순히 저장만 하는 것이 아니라, 시각 정보를 변형해야 한다. 여러 동료의 가정이 옳다면, 이제 전전두피질이 나서야 하기 때문이다. 그러나 놀랍게도 이 과제를 수행할 때의 뇌 활성 패턴은 전전두피질이 아니라 시각피질과 뒤쪽 두정엽에서만 기억된 그림 정보를 보여주었다.[12] 즉, 일반적으로 시각 시스템이 외부 세계의 수동적 기록을 주로 담당한다고 여겨지지만, 실제로 시각 시스템은 정신적으로 변형된 정보, 그러니까 상상으로 회전된 그림 역시 저장한다. 분명 뇌에서 인식, 상상, 기억이 비슷한 메커니즘을 이용하기 때문에 이것이 가능하리라. 예를 들어, 〈모나리자〉 같은 그림을 눈으로 보고 세세히 관찰하고 뇌리에 각인시킨 다음, 눈을 감고 몇 초 동안 그것을 떠올릴 때 우리는 상상력을 이용한다. 즉,

이른바 '눈앞에서' 보는 것처럼 상상한다. 그것은 인식, 상상, 시각 시스템의 이미지 저장이 얼마나 밀접하게 연관되었는지를 잘 보여준다. 말하자면 상상의 다양한 변형들 모두가 일종의 보편 코드를 사용하는 것 같다. 이 코드가 꿈의 내용으로 확장하는 것을 나중에 10장에서 다룰 예정이다.

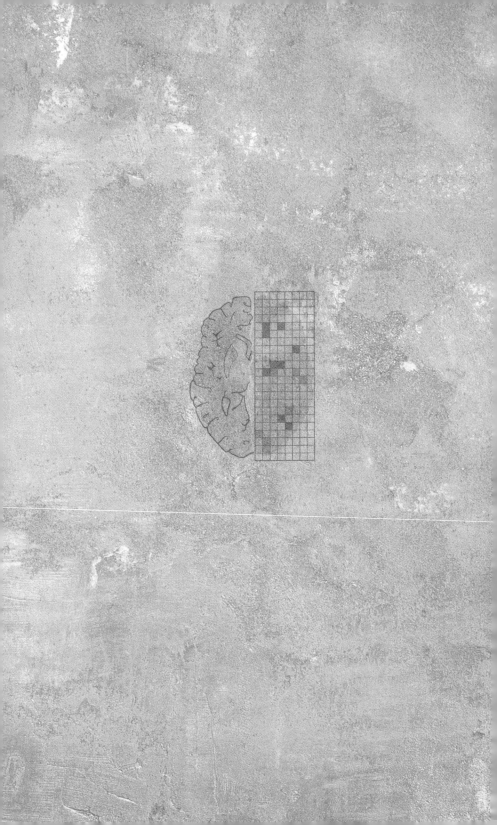

9장

무의식의 메시지

8장에서 보았듯이, 어떤 대상을 지금 떠올리지 않더라도 단기 기억에 저장된 그 대상을 알아낼 수 있다. 이것을 더 발전시켜, 의식되지 않은 정보까지도 뇌에서 찾아낼 수 있을까? 이런 '무의식적 자극'은 과거에 많이 연구되었고 일반 대중에게도 널리 알려졌다. 이와 관련해 마케팅 분야에 매우 인상 깊은 사례가 있다. 일부 기업은 오늘날에도 여전히, 미국의 시장조사원 제임스 비카리James Vicary가 1957년에 했던 실험에 열광한다. 비카리는 획기적인 실험을 발표했고, 세간의 큰 관심을 끌었다.[1] 그는 영화관에서 6주 동안 영화 한 편을 상영했는데, 이 영화에는 특별한 이미지들이 삽입되어 있었다. 5초에 한 번씩 찰나의 순간에 "코카콜

라를 마시세요!"그리고 "배고프죠? 팝콘을 먹어요!"라는 지시
가 화면에 등장했다. 관객들은 이것을 의식하지 못했는데, 화면
에 등장하는 찰나의 순간이 너무 짧아 의식의 문턱을 넘지 못했
기 때문이다. 관객은 그냥 평범한 영화를 봤다고 생각했다. 비카
리에 따르면, 그런 식으로 광고된 상품의 매출이 영화 상영 뒤에
크게 올랐다. 콜라 매출은 일반 광고와 비교하여 18퍼센트가 올
랐고, 팝콘의 경우에는 심지어 58퍼센트가 올랐다. 이 실험은 인
지 연구와 특히 마케팅 분야에 큰 반향을 일으켰다. 비카리는 텔
레비전 광고를 개혁하자고 제안했다. 긴 광고로 프로그램을 중단
시켜 시청자들을 화나게 하는 대신, 프로그램 안에 아무도 모르
게 광고를 삽입하자는 것이었다. 그러나 이런 '속임수 전략'에 대
해 대중들은 격렬히 항의했고, 텔레비전 방송국은 숨겨진 광고를
절대 허용하지 않겠다고 약속했다.

    그러나 많은 심리학자가 비카리의 실험 결과를 의심했고, 그래
서 같은 실험을 반복했다. 그 결과, 삽입된 광고는 아무런 영향도
미치지 않았다. 결국, 비카리는 자신의 실험이 처음부터 끝까지
지어낸 것이라고 자백했다. 그럼에도 무의식적 자극의 영향력에
관한 전설은 끈질기게 이어졌다. 1970년대에 등장했던, 암시가
담긴 신비한 카세트와 레코드판도 그중 하나다. 당시 무의식적으
로 용기를 북돋우는 긍정적 메시지가 담긴 뉴에이지 음악이 특히
인기를 얻었다. 메시지를 직접 들을 수 없게 하여, 이성과 의식의
통제를 몰래 통과하게 하는 것이 핵심 아이디어였다. 그것은 무

의식적으로 두뇌로 '파고들어' 특히 강한 효력을 낸다고 알려졌다. 이윽고 노래 안에 거꾸로 삽입된 메시지가 있다는 소문이 대중음악계에 퍼졌다. 여기서 폴 매카트니의 죽음에 관한 음모론이 불거져 나왔다. 음모론에 따르면 비틀스의 작곡가이자 베이스기타 연주자인 폴 매카트니는 이미 1966년에 자동차 사고로 사망했고, 이후 대체된 도플갱어가 폴 매카트니 행세를 한다는 것이다. 비틀스 멤버들이 그의 사망 소식을 〈레볼루션 9Revolution 9〉에 숨겨놓았는데, 'number nine'이라는 가사가 나오는 부분을 거꾸로 틀면, "turn me on, dead man(죽은 자여, 나를 흥분시켜다오)"라는 메시지가 나온다는 것이다. 이런 의심은 비틀스뿐 아니라 마돈나, 주다스 프리스트 혹은 팔코 같은 다른 밴드와 가수들로도 향했다. 그들이 노래에 자살 지령을 숨겨놓았는데, 그 노래를 거꾸로 틀면 숨겨진 메시지를 들을 수 있고 그 노래를 들은 사람은 의식적 판단 없이 곧바로 지령대로 행동하게 한다는 의심이었다. 몇몇 팬들은 그것을 글자 그대로 받아들였고 심지어 스스로 목숨을 끊기도 했다. 미국과 프랑스 선거에서도 무의식적 자극을 통한 조작 시도 소문이 계속 등장했다.

이런 무의식적 영향의 가능성은 광고와 정치를 넘어 더 멀리 확산할 것이다. 이것은 의식의 경계에 관해 근본적 물음을 던진다. 우리 안에서 무슨 일이 일어나는지 우리는 정말로 아는가? 우리는 정신이 작동하는 메커니즘을 간파할 수 있는가?

이런 무의식적 영향을 전문 용어로 '서브리미널Subliminal'이라고 하는데, 대략 번역하면 '문턱 아래'라는 뜻이다. 여기서 문턱은 의식의 문턱을 말한다. 뇌과학자들은 이런 현상을 연구하려고 끊임없이 시도했다.[2] 그러나 실험 결과가 계속 바뀌어서, 서브리미널의 실효성도 비실효성도 입증할 수 없었다. 그러나 한 가지는 명확하다. 비카리의 팝콘 메시지 같은 그런 명확한 효과는 순전히 환상이다. 무의식적 자극은 피험자가 미리 알고 준비했을 때만 효력을 낸다. 이런 경우 피험자들은 의식하기 전에 찰나만큼 먼저 행동하는 셈이다. 그러나 완전히 새로운 행동, 특히 의지에 반하는 행동은 무의식적 자극으로 유발할 수 없다.

우리의 질문은, '그런 무의식적 자극도 과연 뇌에서 작업이 될까?'로 이어졌다. 우리는 스캐너에 누운 피험자들에게 똑같아 보이는 그림 두 개를 보여주었다. 명확히 해두기 위해 다시 한번 영화 사례로 돌아가보자. 영화에 개별 이미지를 삽입하면, 관객은 영화를 보는 동안 화면에 무엇이 찰나의 순간에 나타났는지 거의 알아차릴 수 없고, 조작 시도 역시 전혀 눈치채지 못할 것이다. 그러나 영화에 삽입되지 않은 채로 개별 이미지를 보여주면, 영화의 방해 효과가 제거되었기 때문에 피험자는 해당 이미지를 즉시 알아차린다.

우리는 실제로 시각 시스템의 첫 단계에서 이런 무의식적 이미지들의 정보를 명확히 읽어낼 수 있었다. 그러나 흥미롭게도 시각피질의 이후 작업 단계에서는 이 정보들을 더는 찾아낼 수 없었다. 서브리미널 메시지는 (은유적으로 표현해서) 문턱을 넘기는

하지만, 안으로 들어가지 못하고 입구에서 발목이 잡혀 있다. 그럼에도 어쨌든 우리가 전혀 알아차리지 못하고 파악하지 못한 정보들이 뇌의 첫 단계에 도달했다. 잠재의식은 외부 세계의 온갖 자극을 의식하지 않은 채 끊임없이 기록한다. 그리고 fMRI의 도움으로 브레인 리딩은 의식적 생각을 판독할 뿐 아니라, 정신 활동 뒤에서 효력을 내는 수많은 무의식적 과정도 추적할 수 있다.

10장
꿈의 세계

꿈은 확실히 뇌가 만들어내는 가장 매력적인 현상이다. 일상의 합리적 논리와 거리가 먼 환상 가득한 내용과 전개 때문에, 꿈은 연구자들 사이에서도 널리 관심을 받는 주제다. 잠자는 사람이 꿈속에서 겪는 경험은 밖으로 전혀 드러나지 않는다. 꿈을 꾸는 사람은 비록 가만히 누워 잠에 빠져 있지만, 정신은 어떤 복잡한 세계, 다른 사람은 모르는 경험의 폭풍 한복판에 있다. 옆에 누운 사람이 꿈속에서 느끼는 감정 상태를 알 수 있는 경우는 더러 있지만, 구체적으로 무슨 일이 일어나고 있는지는 알 수 없다. 왜 웃고, 비명을 지르고, 몸을 움찔거리고, 중얼중얼 잠꼬대를 하는지 알 수 없다. 그것을 알려면 잠자는 사람을 깨워야 하는데, 그러면 이미 꿈은 끝나고, 꿈 얘기를 듣더라도 실제 꿈 내용과 다를 수 있다. 꿈나라 모험은 깨어남과 동시에 종종 사라져버리기 때문이다. 현재로서는 브레인 리딩으로 꿈을 읽어내는 것이 꿈에서 직접 꿈나라에 관해 뭔가를 알아내는 유일한 가능성이다. 잠자는 사람의 뇌에서 곧바로 그 사람이 지금 무슨 꿈을 꾸는지 알아내는 데 성공한다면, 인류 역사상 최초로 외부에서 꿈나라에 접근하는 것이 된다.

꿈을 직접 관찰할 수 없으니, 회의론자들의 목소리가 끼어든다. 잠을 자는 '동안' 꿈을 꾼다는 객관적 증거가 과연 있는가? 인간이 꿈을 꾼다는 것은 확실해 보인다. 다른 사람에게서 꿈 얘기를 듣기도 하고 스스로도 종종 꿈을 기억한다. 그러나 단지 그런 근거로 정말로 과학적으로 확고하게 꿈이 존재한다고 말할 수 있을까? 우리의 기억이 장난을 친다고 볼 수도 있지 않을까? 낮에 깨어 있는 동안 우리는 이런저런 경험을 한다. 그러나 그때의 경험이 모두 곧바로 장기 기억으로 전달되지 않고 잠정적으로 어딘가에 보관된다. 사고로 뇌를 다친 환자들은 종종 끔찍한 사고 직전 몇 시간 동안 무슨 일이 벌어졌는지 기억하지 못한다. 반면 과거의 아주 오래전 일은 또렷이 기억한다. 그러므로 경험 내용이 다소 불안정한 임시 저장소에 잠시 보관되는 단계가 있는 것 같다.

그것은 뇌가 경험 내용을 장기 기억에 저장하는 방법과 대략 관련이 있는데, 이를테면 학습한 내용은 특별한 뇌 영역인 해마

Hippocampus의 도움으로 임시 보관된다. 해마는 뇌의 중앙에 있는데, 외형이 바다 생물 해마를 닮아서 그렇게 명명되었다. 경험은 해마에서 점차 대뇌피질로 전달되어 그곳에서 장기 기억으로 저장된다.

'응고화'라고 불리는 이런 느린 전달 과정에 잠은 매우 중요하다. 잠이 들어 외부 자극의 유입이 중단되면, 낮 동안 수집된 경험 내용이 뇌에서 재연되면서 장기 기억으로 응고된다는 이론이 있다. 그러니까 잠에서 깨는 순간 뇌는 마치 방금 뭔가를 경험한 것 같은 상태일 수 있는 것이다. 멋진 꿈을 꾸었다며 꿈 얘기를 하지만, 사실은 그저 기억을 꿈으로 착각한 것에 불과하다.

이것은 아주 대담한 이론이다. 그렇다면 꿈의 본질을 해명해줄 실용적 방법은 과연 무엇일까?

브레인 리딩으로 이 분야도 한 걸음 더 나아갔다. 잠자는 동안 우리가 실제로 뭔가를 경험한다면, 그것을 뇌 활성에서 읽어낼 수 있어야 마땅하다. 이것을 확인하는 방법은 간단하다. 피험자는 그냥 MRI 안에서 잠을 자면 되고, 연구진은 그다음 피험자를 깨워서 뭔가를 경험했는지, 경험했다면 그것이 무엇인지 물으면 된다. 그리고 피험자가 깨기 직전에 촬영한 뇌 활성 패턴을 살펴보면 거기에 꿈 내용이 표시되어 있을 것이다.

아주 간단해 보이는 실험이다. 그러나 실제로 실행하기는 매우 어려운데, 우선 피험자가 꿈을 꾸는 수면 단계, 즉 피험자의 눈이 빠르게 움직이는 렘REM, Rapid Eye Movement수면 단계에 도달하려면 꽤 긴 시간이 필요하다. 또한, 방금 무엇을 경험했는지 물어보고 싶을 때마다 피험자를 여러 번 깨워야 하기 때문에 실험이 아주 오래 걸릴 것이다. 복잡한 문제가 하나 더 있다. 꿈에서는 매우 다양한 일들이 벌어지고 예측도 불가능하다. 컴퓨터는 미리 학습한 것만 뇌 활성 패턴에서 분별할 수 있으므로, 몇 주에 걸쳐 (언제나 같은 피험자로) 수천 가지 내용을 컴퓨터에게 가르친 다음, 실험하는 날 피험자가 이 가운데 하나를 꿈꾸기를 기대해야 한다. 이는 이루어질 확률이 거의 없는 기대다.

그러나 일본의 가미타니 유키야스 연구팀은 브레인 리딩 방법으로 꿈에 관한 뭔가를 알아낼 수 있는 훌륭한 아이디어를 고안해냈다. 이해를 돕기 위해 먼저, 크게 네 단계로[1] 순환하는 잠의 구조를 살펴보자. 수면의 네 단계는 잠이 드는 단계, 얕은 선잠 단계, 깊은 숙면 단계, 그리고 마침내 렘수면 단계다. 이 네 단계에 대략 한두 시간이 걸리고, 이 단계를 모두 거친 후에는 다시 처음부터 반복 순환한다.

기존에는 렘수면 단계에서 꿈을 꾼다고 늘 가정했다. 그러나 이 가정은 더는 유효하지 않을 수 있는데, 예를 들어 잠든 직후 얕은 선잠 단계에서 피험자를 깨웠을 때도 꿈을 꿨다고 말했기 때문이다.[2] 일본 연구팀은 이제 렘수면까지 기다리지 않고 더 빨리 도달하는 이전 수면 단계에 집중했다. 그들은 피험자를 MRI에서 자게 하고, 그동안 그들의 뇌 활성을 촬영했다. 피험자를 잠든 직후에 깨워 꿈을 꿨는지, 꿨다면 무슨 내용인지 물었다. 이때

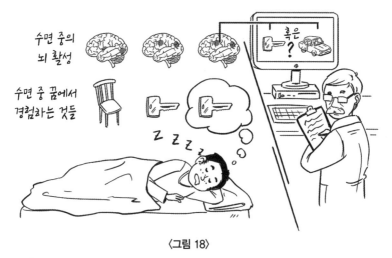

수면 중의
뇌 활성

수면 중 꿈에서
경험하는 것들

혹은
?

<그림 18>

피험자가 스캐너 안에서 자는 동안 꿈에서 의자와 열쇠를 생각한다. 잠에서 깼을 때 그는 열쇠가 기억난다고 보고한다. 이제 깨기 직전의 뇌 활성을 보면, 그것이 열쇠 인지 다른 사물(여기서는 자동차)과 비슷한지 확인할 수 있다. 뇌 신호와 꿈이 일치하면, 꿈의 내용이 깨는 순간에 '발명'되고, 뭔가를 경험했다는 기억의 착각에 불과하다는 주장과 모순된다. 기억의 착각이라는 주장에 따르면, 잠을 자는 동안 아무것도 경험하지 않았음에도, 단기 기억의 영향으로 뭔가를 경험했다는 환상을 가진다는 것이다. 그러나 잠을 자는 동안의 뇌 활성에서 정보가 추출된다는 것은 잠을 자는 동안 의식적으로 꿈을 꾼다는 뜻이다.

꿈 내용은 사물 위주로 조사했다. 예를 들어 한 피험자는 이렇게 보고했다. "네, 글쎄요, 나는 사람을 봤어요. 맞아요. 그게 뭐였더라……. 내가 열쇠를 의자와 침대 사이 어딘가에 감추고, 누군가 그것을 가져가는 그런 장면이었어요."[3]

이 피험자의 꿈에는 열쇠, 의자, 침대, 사람이 등장하지만, 자동차는 없다. 이제 문제는, 깨기 직전에 촬영한 뇌 활성 패턴에서 꿈에 본 사물을 찾을 수 있느냐다. 꿈에 등장하지 않은 사물은 표시되지 않아야 마땅하다(〈그림 18〉 참조). 일본 연구팀은 인터넷에서 해당 사물의 사진을 찾아 스캐너에 누워 깨어 있는 피험자에게 보여주었다. 그런 식으로 연구자들은 이 사물이 피험자의 뇌에 어떻게 저장되었는지를 알 수 있었다. 그들은 뇌 활성 패턴에서 이 사물을 분별하도록 컴퓨터를 학습시켰다. 그리고 잠이 드는 단계의 활성 패턴에 이 알고리즘을 적용했다.

실제로 알고리즘은 최대 80퍼센트 적중률로 사물을 분별해냈다. 이 실험으로 잠자는 동안의 뇌 활성에 꿈 내용이 들어 있음이 처음으로 증명되었다.

또한, 이 실험은 뇌가 작업할 때 사용하는 신경 코드의 세부 내용도 밝혀냈다. 깨어 있을 때 생각하는 사물을 컴퓨터에게 가르친 다음, 꿈에서 본 사물을 컴퓨터로 알아낼 수 있으려면, 두 상태 모두의 활성 패턴이 동일해야 한다. 그것은 뇌가 깨어 있을 때의 경험과 꿈의 내용을 같은 방식으로 코딩한다는 뜻이다. 말하자면, 어떤 그림을 실제로 보는 것과 꿈에서 보는 것 혹은 (앞에서 설명했듯이) 상상으로 떠올리는 것은 뇌 활성 패턴에서 차이가 없다. 그러므로 뇌는 일종의 보편적 언어를 사용하는 것 같다.

11장

감정 읽기
: 스캐너 속 연인

꿈의 경우처럼, 뇌 활성 패턴에서 감정을 알아내는 것 역시 몇 가지 장애물을 넘어야 한다. 지금까지의 실험 원리를 다시 떠올려보자. 스캐너 안에 누운 피험자에게 특정 사물을 생각하게 하고 그때의 뇌 활성 패턴을 측정하여 저장한 다음, 이것을 토대로 같은 생각을 알아낼 수 있다. 감정 역시 이 원리에 따라 읽어낼수 있을까? 피험자가 행복하거나 슬프거나 분노할 때의 뇌 활성 패턴을 측정하고, 그것을 컴퓨터에게 학습시키기만 하면 될 것 같다.

원리만 보자면 안 될 것도 없지만, 여기에는 문제가 하나 있다. 과학적으로 정확히 통제된 조건 아래에서, 스캐너 안에 누운 피험자를 실제로 특정 감정 상태에 이르게 하기는 매우 어렵다. 그것과 별개로, 실험을 위해 피험자를 의도적으로 특정 감정에 이르게 하는 것은 윤리적으로도 까다로운 문제다.

어떻게 피험자를 슬프게 할 수 있을까? 명령으로는 확실히 안 된다. ("자, 이제 10초 동안 슬퍼하세요…….") 물론, 피험자에게 슬픈 소식을 전하는 것이 한 가지 방법일 수는 있다. ("당신의 반려묘가 방금 죽었습니다.") 그러나 이 소식이 거짓이라는 것과 상관없이, 누군가에게 거짓 정보를 주어 혼란을 일으키고 그것으로 불편한 감정을 유발하는 것은 당연히 윤리적으로 문제가 될 수 있다. 순전히 연구 목적으로 어떤 사람을 슬프게 해선 안 된다. 이와 반대로 스캐너에 누운 피험자를 기쁘게 하는 것은 확실히 비윤리적이라는 비판이 적을 테지만, 그것 역시 쉽지는 않을 것이다. 피험자에게 100유로를 준다 해도 어쩌면 그는 전혀 기뻐하지 않을 수 있다. MRI 안의 피험자를 어떻게든 분노하게 하거나 겁을 먹게 할 수 있겠지만, 우리 뇌과학자들은 그런 실험을 용납하지 않는다. 동료 연구자 혹은 피험자가 자원한다 해도 안 된다. 인간의 사고 세계를 아주 제한적으로만 실험으로 보여줄 수 있는 한계를 우리는 그냥 받아들일 수밖에 없다. 원칙적으로 충분히 접근할 수 있는 감정이라도 많은 경우 윤리적 이유에서 실험으로 보여줄 수 없다. 그리고 그것이 옳다.

그렇다고 감정 연구를 포기할 필요는 없다. 윤리적으로 수용할 만한 비교적 부드러운 방법만 찾으면 된다. 예를 들어 기뻐하거나 슬퍼하는 표정이 담긴 사진을 보여주고 피험자가 그것에 감정을 이입하길 기대하는 식이다. 이 방법은 피험자를 괴롭히지 않고, 설령 괴롭히더라도 아주 조금만 힘들게 한다.

그러나 그전에 먼저 중요한 물음 하나를 해명해야 한다. 감정은 몇 개나 있을까? 인류학자 폴 에크먼Paul Ekman은 1970년대에 인간의 여섯 가지 '기본 감정'('일차 감정'이라고도 한다)을 정의했다. 분노, 혐오, 기쁨, 슬픔, 공포, 놀람이 그것이다. 폴 에크먼은 1971년에 동료 월리스 프리센Wallace Friesen과 함께, 모든 인간은 표정이 전달하는 감정을 똑같이 느낀다고 주장했다.[1] 두 연구자는 감정이 보편적이라는 주장을 증명하기 위해 파푸아뉴기니로 갔다. 당시 그곳에는 서구 문명과 접촉이 없는 원주민들이 살았다. 에크먼과 프리센은 원주민들에게 특정 감정 상태에 있는 사람에 대해 짧게 묘사했다. 대략 이런 식이었다. "그의 어머니가 사망했고 그는 매우 슬프다."[2] 그다음 두 사람은 서구 산업국가에 사는 사람들의 얼굴 사진 세 개를 원주민들에게 보여주고, 설명과 맞는 표정을 고르게 했다. 원주민들은 서구 문화와 접촉한 적이 단 한 번도 없었음에도, 설명한 감정에 맞는 표정을 정확히 선택했다. 이것으로 특정 감정과 표정이 얼마나 견고하게 연결되어 있는지 알 수 있다. 문화적 배경과 상관없이 표정에서 감정을 정확히 알아낼 수 있음은 그 뒤에 이어진 수많은 연구에서 점점 더 명확해졌다. 이것은 기본 감정이 문화적으로 습득되는 것이 아니라 유전적으로 타고나는 것임을 시사했다.

<그림 19>

에크먼과 프리센이 정의한 여섯 가지 기본 감정. 당신이 감정을 얼마나 잘 맞히는지 직접 확인해볼 수 있도록, 정답을 거꾸로 적어두었다. 기본 감정이 몇 개나 존재하고, 명확하게 구분할 수 있는 감정 범주가 과연 있는지는 아직 완전히 해명되지 않았다. 경멸을 기본 감정에 넣기도 하고, 어떤 이론에서는 구분할 수 있는 감정을 최대 27개로 보는데, 몇몇 감정들은 그 차이가 매우 미묘하다.

직접 확인해보고 싶다면, <그림 19>에서 그림 아래의 글자를 가리고 얼굴만 보라. 그리고 어떤 감정 상태를 표현한 것인지 맞혀보라.

<그림19>에서 아래에 한 줄을 더 추가하여 각 표정에 맞는 뇌

활성 패턴을 넣을 수 있다면 얼마나 좋을까! 하지만 애석하게도 스캐너에 누운 피험자에게 표정 사진을 보여주는 것만으로는 뇌 활성 패턴으로 감정을 알아내기에 부족하다. 표정을 보고 피험자가 같은 감정을 느낀다는 보장이 없기 때문이다. 예를 들어 피험자에게 분노의 표정을 보여주면, 분노보다 공포를 느낄 수도 있다. 혐오로 일그러진 표정이 피험자에게 반드시 혐오를 일으키지 않을 수 있다. 반면, 기쁨은 전염성이 아주 높아서 아마 피험자도 같은 감정을 느낄 것이다. 그러나 슬픈 표정을 볼 때는 어쩌면 다른 사람의 불행에서 행복을 느끼는 은밀한 만족감이 생길 수도 있다. 그러므로 감정이 드러나는 표정 사진은 단지 조건부로만 실험 목적에 적합하다.

다행스럽게도 피험자에게 감정을 불러일으킬 다른 가능성이 더 있다. 예를 들어, 피험자에게 살면서 겪은 기쁘거나 슬픈 일화를 떠올려보라고 청하는 것이다. 음악으로도 특정 감정을 불러일으킬 수 있다. 그사이 특정 음률의 감정 효과가 잘 연구되었다. 음악은 또한 감정에 직접 영향을 미친다. 음악은 이성적 판단이 필요 없고, 우회와 중간 단계 없이 곧장 감정을 불러낸다. 라이프치히 막스플랑크 연구소의 실험이 보여주었듯이, 음악은 심지어 신생아의 감정에도 영향을 미친다. 신경과학자 슈테판 쾰쉬Stefan Kölsch는 음악으로 불러낸 감정을 뇌에서 매우 세밀하게 추적하는 데 성공했다. 쾰쉬는 감정을 담당하는 뇌 영역의 활성이 음악에 따라 바뀌는 것을 보여주었다.[3]

감정을 뇌 활성에서 어느 정도 읽어낼 수 있다면, 감정이 어떻게 전이되는지도 연구할 수 있지 않을까? 나의 동료 질케 안더스 Silke Anders는 이런 질문을 던졌고, 우리는 베른슈타인 센터에서, 그것이 가능할지, 가능하다면 개별 감정의 뇌 활성 패턴이 어떻게 전이되는지를 어디까지 추적할 수 있을지 알고 싶었다. 우리는 이 연구를 위해 특별히 연인들을 피험자로 선별하여 발신자와 수신자로 나눴다. 연인들은 특히 서로의 감정에 잘 공감할 수 있기 때문이다. 이제 발신자는 특정 감정을 불러낸 다음, 그것을 표정으로 표현해야 했다. 이때 뇌 활성이 측정되었다. 발신자와 마찬가지로 뇌 스캐너에 누운 수신자는 모니터를 통해 애인이 슬퍼하거나 분노하거나 기뻐하는 모습을 관찰했다. 연인들의 높은 공감도 덕분에 수신자는 애인과 똑같은 감정을 느꼈다. 그렇게 우리는 윤리적으로 허용되는 가능성을 찾아내, 피험자에게 넓은 스펙트럼의 감정을 안정적으로 유발할 수 있었다. 우리는 발신자와 수신자 모두의 감정을 뇌 활성 패턴에서 읽어내는 데 성공했다. 분석 결과는 놀라웠다. 실제로 공명이 일어나, 수신자와 발신자의 뇌 활성 패턴이 정확히 일치했다. 그러나 수신자의 뇌가 거울 모드로 바뀌기까지 몇 초가 걸렸다.[4] 말하자면 공감에는 시간이 필요했고, 공명은 천천히 구축되었다.

이것은 다른 관점에서도 놀라운 결과였다. 일반적 견해에 따르면, 감정은 널리 퍼진 그물망이 아니라, 할머니세포와 비슷하게 제한된 좁은 뇌 영역이 담당한다. 대중 잡지도 이런 '감정 센터'

를 기사로 다룬다. 편도체는 공포를, 섬엽은 혐오를, 대상피질은 분노를 담당한다고 알려졌다. 그러나 오래전부터 감정과 뇌 영역이 1:1 대응 관계로 할당되었다는 주장은 의심을 받아왔다. 시카고 일리노이대학의 킨 루안 판Kinh Luan Phan은 2002년에 이미 총 55건의 뇌 활성을 분석했다.[5] 분석 결과는, 감정이 뇌의 지엽적 현상이라는 견해와 반대되었다. 공포를 느낄 때 비록 편도체가 강하게 활성화되었지만, 기쁨과 슬픔을 느낄 때도 약하게나마 활성화되었다. 대상피질도 마찬가지였다. 대상피질은 분노에 강하게 반응했지만, 반대 감정인 즐거움, 공포, 슬픔에도 반응했다. 섬엽 역시 명료하지 못했다. 섬엽은 심지어 모든 감정에 반응했다. 이 연구는 그렇게 특정 뇌 영역에 개별 감정이 할당되었다는 견해를 급진적으로 정리해버렸다.

그러므로 감정이란 본래 혼란스러운 것이라 말할 수 있을 것이다. 자신의 감정을 정확히 표현하기 어려울 때가 얼마나 많았는지를 생각한다면, 이런 결과가 그렇게 놀랍지 않다.

캘리포니아대학의 알랜 코웬Alan Cowen과 대커 켈트너Dacher Keltner는 2017년에 완전히 새로운 방식으로 감정을 측정하기 시작했다. 먼저 이들은 감정을 불러일으키는 영상 2,185개를 인터넷에서 수집했다.[6] 그다음 수많은 피험자에게 영상에 표현된 감정의 특징을 분류하게 했다. 예를 들어 어떤 피험자는 영상을 대표할 만한 키워드를(예를 들어 '로맨틱한 사랑') 적어야 했다. 어떤 피험자는 특정 감정 뉘앙스가(예를 들어 '질투') 영상과 잘 맞는지 평가해야 했다. 마지막에 그들이 내린 결론에 따르면, 복잡한 감정을 특징에 맞게 분류하려면, 기본 감정이 여섯 개가 아니라 27개가 필요하고, 거기에는 향수, 욕망, 안도, 환희도 포함되었다. 확실히 인간의 감정은 소수의 몇몇 구성 요소로 만들어지지 않고, 애초부터 매우 다양하다. 2020년에 코웬과 켈트너는 일본 연구팀과 함께, 뇌에서 기본 감정의 그물망이 얼마나 넓고 복잡하게 퍼져 있는지 재확인할 수 있었다. 대부분의 다른 의식과 마찬가지로, 감정 역시 뇌의 개별 영역에 할당되지 않고 넓게 퍼진 그물망으로 코딩되었음이 다시 한번 밝혀졌다. 연인들을 대상으로 했던 우리의 실험 역시 이것을 입증했다. 애인을 보면서 다양한 감정을 느끼는 수신자의 뇌 활성 역시 뇌에 넓게 퍼져 있는 패턴이었다.

뇌의 여러 영역에서 감정 정보를 발견한다면, 그것은 과연 무엇을 뜻할까? 이 모든 영역이 감정 상태에 관여하거나 적어도 감정에 필수적이라는 뜻일까? 예를 들어 공포를 느낄 때 편도체만 반응하지 않고 섬엽 같은 다른 영역도 반응한다면, 공포를 느끼기 위해 이 모든 영역이 함께 활성화되어야 할까? 그것을 어떻게 알아낼 수 있을까?

편도체 일부가 손상된 환자에게서 이 질문에 대한 힌트를 얻을 수 있다. 이 환자는 공포감을 느끼지 못하지만, 다른 모든 감정은 느낄 수 있다. 순전히 지식으로는 공포가 무엇인지 이해하지만, 공포감을 느낄 수는 없다. 이에 따르면 역시 공포감은 편도체에 제한된 것처럼 보인다.

반면, 섬엽 일부가 손상된 환자는 기본적으로 아주 정상적으로 공포감을 느끼지만 그 대신에 혐오를 느끼지 못한다. 공포를 느낄 때 섬엽이 반응하더라도, 이 반응은 공포감에 필수는 아닌데, 섬엽의 반응 없이도 공포를 느낄 수 있기 때문이다. 감정이 실제로 특정 뇌 영역에 직접 할당되었고, 담당 영역이 활성화되는 즉시 전체 그물망에서 일종의 신경 '메아리'가 생기는 것일 수 있다. 이 메아리는 그 감정에 필수가 아니라 그저 동반 현상에 불과하다.

감정에서 특히 중요한 분야가 통증이다. 과학에서 통증은 감정과 늘 명확히 구분되지 않는다. 적어도 통증이 불쾌하게 경험되는 한, 통증은 부정적 감정과 비슷하다. 차이가 있다면, 통증에는 감각적 차원이 있어서, 촉각처럼 신체의 특정 위치에 국한될 수 있다. 통증은 대개 통증 수용체, 즉 조직의 손상에 반응하는 특수 감각세포의 자극을 통해 생긴다. 그러나 그런 자극 없이도 생기는 통증도 있다. 이것을 '특발성Idiopathic' 혹은 '심인성Psychogenic' 통증이라고 한다.

주의 집중이나 기대 같은 심리적 요인이 특히 통증에서 큰 역할을 한다. 주사 맞을 때 아플 거라고 예상하면 훨씬 더 아프다는 것을 모두가 안다. 통증 감각은 다른 감각보다 훨씬 더 많이 심리적 영향을 받는다.

통증은 평안을 가장 위협하므로, 통증 경험도 뇌 활성에서 읽어낼 수 있을지 묻게 된다. 그것이 가능하다면, 제약 업계에서 약품의 통증 완화 효과를 측정하는 데 도움이 될 것이다. 실제로 어떤 사람이 지금 통증을 느끼는지 아닌지를 뇌 스캐너로 확인하는 실험이 있었다. 감정의 경우처럼, 여기서도 광범위한 뇌 영역이 관여한다. 다시 말해 통증은 협소한 통증 센터에 국한되지 않고, 체성감각피질, 대상피질, 섬엽, 편도체 등, 여러 뇌 영역을 포괄하는 그물망 현상이다.

바야흐로 통증에도 브레인 리딩의 원리를 적용하기에 이르렀다. 통증이 있을 때 뇌 활성을 조사해야 하므로 당연히 피험자에게 일단 통증을 줘야 한다. 윤리적으로 까다로운 실험이다. 예를 들어 통증을 일으키기 위해 작은 열자극기를 사용하는데, 통증을 느낄 만큼의 열을 피부에 짧게 가한다. 열의 강도는 당연히 피부 조직에 해가 되지 않을 정도로 조정한다. 그다음 피험자가 언제 통증을 느끼고 언제 느끼지 않는지를 분별하도록 컴퓨터를 훈련한다. 미국 다트머스대학의 토어 웨이저Tor Wager는 이런 방식으로 수년간 신경의 통증 신호, 특히 통증이 발생할 때의 뇌 활성 패턴을 연구했고, 이런 뇌 활성 패턴과 통증이 예상될 때 뇌가 반응하는 두 번째 활성 패턴을 구별하는 데 성공했다. 이것으로 뇌 기반 통증 탐지기 개발을 향한 방향에 커다란 한 걸음이 내디뎌졌다. 그러나 아직 수많은 질문이 열린 채 남아 있다. 예를 들어, 환자는 통증을 말하지만, 컴퓨터가 통증의 증거를 찾지 못하면 어떻게 되는 걸까? 누구를 믿어야 할까? 환자가 거짓말을 하거나 통

〈그림 20〉

환자가 통증을 느끼지만 뇌 스캐너가 뇌에서 통증의 증거를 찾지 못했다고 말한다면, 어떻게 될까?

증이 그저 착각이라는 뜻일까? 아니면 이런 불일치를 컴퓨터 성능 개선의 계기로 삼아야 할까?

　이런 질문들은, 컴퓨터가 특정 생각을 알아냈는데 피험자가 뭔가 다른 것을 생각했다고 주장할 때마다 등장하는 근본적인 딜레마다. 이럴 때 뇌과학자들은 직관적으로 일단 컴퓨터가 아니라 피험자를 믿는다. 이것을 '일인칭 권위First person authority'[7]라고 부른다(〈그림 20〉 참조). 그러나 인간이 항상 황금률이자 자기 생각의 핵심 증인이라면, 거짓말은 어떻게 분별할 수 있을까? 이 질문은 나중에 다루기로 하자.

12장

뱀장어로 가득한
호버크래프트

지금까지 알아본 바에 따르면 브레인 리딩으로 정신의 다양한 차원에 접근이 가능하다. 인식, 상상, 꿈, 기억, 감정, 심지어 무의식까지도 (어느 정도까지는) 뇌 활성 패턴에서 읽어낼 수 있다. 단, 전제 조건이 있다. 읽어내야 할 모든 생각의 뇌 활성 패턴을 컴퓨터가 미리 학습해야 한다. 경찰 데이터베이스에 등록된 지문과 비슷하다. 범죄 현장에서 지문이 발견되면 이것을 데이터베이스에 등록된 지문과 비교해볼 수 있다. 그런데 범죄 현장에서 발견된 지문이 아직 경찰 데이터베이스에 등록되지 않은 지문이라면 어떻게 되는 걸까? 그러면 데이터베이스는 아무 도움이 안 된다. 아무리 많은 지문이 등록되었더라도, 아직 등록되지 않은 지문의

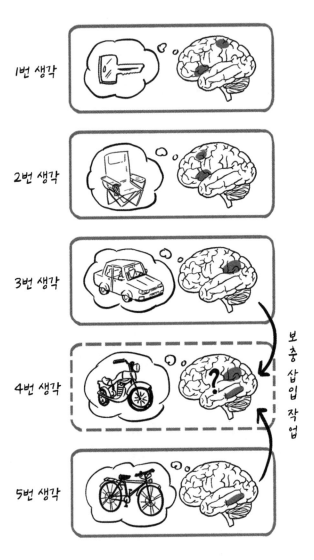

1번 생각

2번 생각

3번 생각

4번 생각

5번 생각

보충 삽입 작업

주인은 절대 알아낼 수 없다. 생각의 뇌 활성 패턴도 마찬가지다. 브레인 리딩 컴퓨터는 아직 학습하지 않은 새로운 생각을 만나면, 그냥 패스할 수밖에 없다.

일종의 '만능 브레인 리딩기'를 개발할 수 있다면 정말 흥미롭지 않을까? 그런 기계는 임의로 선택한 사람의 우연한 생각을 어느 정도 정확하게 읽을 수 있고, 무엇보다 훈련이 필요 없는 것이 최고의 장점이리라. '무차별Brute Force' 방식이 한 가지 가능성일 수 있다. 할 수 있는 온갖 생각들의 뇌 활성 패턴을 무차별적으로 모조리 수집하는 것이다. 예를 들어, 언어로 표현할 수 있는 모든 생각을 읽고자 한다고 가정해보자. 그러면 백과사전의 모든 항목을 피험자에게 읽어주고, 각 항목의 뇌 활성 패턴을 측정하면 된다(〈그림 21〉 참조). 약 30만 개에 달하는 항목을 모두 측정하려면 시간이 아주 오래 걸릴 것이다.

그러나 백과사전의 수많은 항목도 충분하지 않은데, 언어적 사고는 개별 단어들로만 이루어지지 않기 때문이다. 우리는 단어를

〈그림 21〉

할 수 있는 온갖 생각들의 뇌 활성 패턴을 모조리 학습한 다음, 그것을 토대로 모든 생각을 읽어내는 이른바 '만능 브레인 리딩기' 아이디어는 비현실적이다. 그 대신, 뇌가 비슷한 생각을 비슷한 패턴으로 코딩한다는 사실을 이용할 수 있다. 이 그림은 그런 아이디어를 도식화한 것이다. '자동차'와 '자전거'의 뇌 활성 패턴이 데이터베이스에 있다고 가정해보자. 이제 측정한 뇌 활성 패턴이 마치 '자동차'와 '자전거'를 합친 것처럼 보인다면, 그것은 어쩌면 오토바이일 수 있다. 또는 지붕에 자전거 거치대가 장착된 자동차일 수도 있다.

〈그림 22〉

생각은 때때로 "뱀장어로 가득한 호버크래프트" 같은 기이한 형식을 취할 수 있다. 생각 읽는 기계는 이런 기이한 생각조차 읽을 수 있어야 할 것이다.

연결하여 문장을 만들고 언제나 새로운 의미로 조합한다. 몬티 파이튼Monty Python의 콩트, 《더러운 헝가리어 회화집Dirty Hungarian Phrasebook》에 등장하는 "호버크래프트가 뱀장어로 가득하다"라는 문장을 보자. 당신은 아마 오늘 아침에 일어나서, 오늘 이 문장을 듣거나 읽게 되리라 생각하지 않았을 것이다(〈그림 22〉 참조). 그럼에도 당신은 이 기이한 상황을 문제없이 상상할 수 있다. 그러므로 피험자는 백과사전에 등재된 30만 개 항목뿐 아니라, 단어를 문장으로 만드는 모든 조합을 스캐너 안에서 들어야 하고, 그러는 동안 우리는 그의 뇌 활성 패턴을 측정해야 한다. 걸리는 시간만 보더라도, 이것은 끝이 없는 프로젝트가 될 것이다.

설령 이런 대형 프로젝트를 완료한다 해도, 그로부터 얻은 데이터베이스로는 언어적 표현만 커버할 수 있다. 그러나 상상의 이미지처럼 언어로 표현할 수 없는 생각도 아주 많다. 지금까지 설명했던 연구들은 언제나, '개', '브란덴부르크 문' 등 매우 한정된 수의 이미지만 사용했다. 그러나 피험자가 사물들을 마음대로 생각하면 어떻게 될까? 영감을 얻기 위해 인터넷에서 이미지를 검색하며 그것을 생각한다면, 어떻게 될까? 모든 이미지의 뇌 활성 패턴을 측정하려면 시간이 아주 오래 걸릴 것이다. 정확히 얼마나 오래 걸릴까?

모든 온갖 이미지가 아니라 제한된 선택 범위 안에서 생각해야 한다고, 단순화하여 상상해보자. 10×10 체스판을 자유롭게 검은색 혹은 흰색 필드로 구성한 모든 이미지를 예로 들어보자. 우선 각 이미지의 뇌 활성 패턴을 모두 측정한다. 첫 번째 이미지는 모든 필드가 검은색이고 좌측 상단의 한 필드만 흰색이다. 이 이미지를 생각할 때의 뇌 활성 패턴을 촬영하고, 다음 이미지로 넘어간다. 두 번째 이미지는 모든 필드가 검은색이고 좌측 상단의 필드 두 개가 흰색이다. 그다음 세 번째, 네 번째, 다섯 번째…… 이미지가 이어진다. 이런 방식으로 첫 번째 100가지 이미지를 차례차례 만들 수 있다. 그러나 100가지보다 훨씬 더 많이 만들 수 있다. 필드를 교대로 검은색 혹은 흰색으로 만들거나, 마음 내키는 대로 그냥 검은색과 흰색을 쓸 수도 있다. 가능한 조합의 수는 글자 그대로 상상을 초월한다. 체스판으로 만들 수 있는 패턴의 총 개수는 2,100개다. 이 수를 계산하려면, 2를 100번 곱해야 한다. 그 결과는 31자릿수다.

그렇게 많은 이미지를 모두 스캐너 안의 피험자에게 보여주고 뇌 활성 패턴을 측정하여 거대한 표를 만든다고 가정해보자. 이미지 하나에 단 1초가 걸린다고 추정하더라도(매우 낙관적인 추정이다), 2를 100번 곱한 개수의 이미지에는, 우주 생성부터 지금까지의 시간보다 대략 10조 배나 더 많은 시간이 필요할 것이다(〈그림 23〉). 그러니까 이런 단순한 조합조차도 모든 가능한 패턴을 측정하기는 원칙적으로 불가능하다. 여기서 우리는 실현 가능성의 한계에 부딪힌다.

'무차별' 접근 방식으로는 목표를 달성할 수 없다. 다른 아이디어가 필요하다. 우연한 이미지를 재구성할 수 있는 첫 번째 희망은, 3장에서 이미 설명했던 발견에서 얻을 수 있다. 시각적 외부세계가 지도 형식으로 시각피질에 모사되므로, 시야의 각 위치가 뇌 영역에 각각 할당될 수 있다. 말하자면 (단순하게 말해) 할머니 세포 코드처럼 1:1로 할당할 수 있다. 우연한 체스판 이미지를 읽는 데, 어쩌면 이런 지도를 이용할 수 있을 것이다. 즉, 이미지의 각 필드에 시각피질의 한 영역이 할당된다면, 우리는 그저 뇌의 100개 영역만 측정하여 그곳의 뇌 활성이 특히 강하거나 특히 약한지만 보면 된다.

정확히 이런 단순화한 접근 방식으로 교토대학의 유키야스 카미타니Yukiyasu Kamitani와 요이치 미야와키Yoichi Miyawaki는 인상 깊

〈그림 23〉

뇌 활성의 기하학 패턴 재구성. 극단적으로 단순화한 가정에서조차 모든 생각을 측정한다는 것은 완전히 비현실적이다.

은 결과를 얻었다.[1] 그들은 뇌 활성 패턴에서 얻은 기하학적 체스판 이미지를 한 픽셀 한 픽셀 재구성했다. 피험자에게 정사각형과 십자형으로 구성된 다양한 이미지를 보여주었고, 컴퓨터는 fMRI 데이터에서 피험자가 지금 무엇을 보고 있는지 예측했다. 이 연구를 바탕으로 어쩌면 언젠가는 상상만으로 컴퓨터에 알파벳을 입력할 수 있는 기계가 생겨날지도 모른다. 그런 기계는 뇌졸중이나 신경계 질환으로 심한 운동장애를 겪는 환자들에게 확실히 도움이 되는 발명이리라. (가능한 활용 사례는 뒤에서 별도의 장을 할애하여 다룰 예정이다.)

다양한 생각들을 최대한 많이 읽을 수 있는 또 다른 가능성은, 생각들의 유사성을 이용하는 것이다. 데이터베이스에 '자동차'와 '자전거'의 활성 패턴이 있고, 이제 두 패턴이 혼합된 새로운 패턴을 만났다고 가정해보자. 이것은 무엇일까? 뇌가 체계적으로 작업한다면 이것은 오토바이일 수 있다(〈그림 21〉 참조). 뇌가 실제로 그렇게 작업한다는 몇 가지 증거가 있고, 그래서 다양한 새로운 생각을 읽어내는 과제가 쉬워졌다.

움직이는 이미지

체스판 사례는 정적 이미지가 어떻게 재구성되는지 보여준다. 그러나 동적 이미지의 재구성은 아직 한계가 있다. 동적 이미지의 재구성 역시 정적 이미지의 재구성과 비슷한 원리를 따른다. 컴퓨터는 먼저 동적 이미지가 뇌에 모사되는 방법을 학습해야 한다. 동영상은 개별 이미지들의 빠른 연속이다. 각 이미지는 대략 16~50밀리초 동안 정지했다가 다음 이미지로 바뀐다. 그러나 이런 개별 이미지를 보여주기에는 fMRI의 시간 정확도가 너무 낮다. 물론 그렇더라도 상관없는데, 개별 이미지가 충분히 빠르게 연속되는 한, 우리는 그런 동영상을 결코 개별 이미지의 연속으로 인식하지 않고, 동작의 흐름으로 해석한다. 그에 합당하게 뇌역시 동영상을 동작 패턴으로 작업한다. 움직이는 이미지를 판독하려면, 개별 이미지와 마찬가지로, 먼저 컴퓨터에게 수많은 단순한 동작을 학습시켜야 한다. 이는 발레와 약간 비슷한데, 발레 안무 역시 고정된 자세들의 연속이 아니라 동작의 흐름이다. 예를 들어 카브리올은 한쪽 발로 뛰어올라 같은 발로 착지하되, 착지 전에 공중에서 두 허벅지를 모아주는 점프 동작을 말한다.

버클리대학의 뇌과학자 잭 갤런트Jack Gallant와 신지 니시모토Shinji Nishimoto는 연속 동작의 판독이 얼마나 발전했는지 인상 깊게 보여주었다.[2] 그들은 뇌 스캐너에 누운 피험자에게 온갖 다채로운 유튜브 동영상을 연달아 보여주었다. 그런 다음 뇌 스캔을 바탕으로 간단한 연속 동작을 분별하도록 컴퓨터를 학습시켰다. 다음 단계로 컴퓨터는 일련의 유튜브 동영상 판독을 훈련했다. 피험자의 뇌 스캔을 바탕으로 학습했던 동작 패턴이 아닌, 새로운 동영상도 컴퓨터가 읽어낼 수 있는지 테스트되었다. 이때 그들은 흥미진진하고 혁신적인 '혼합 접근 방식'을 사용했다. 즉, 컴퓨터는 피험자의 뇌 활성 패턴과 가장 잘 맞는 동영상들을 혼합하여 동작을 재구성하려 시도했다. 컴퓨터가 찾아낸 가장 잘 맞는 동영상의 혼합이 오리지널 동영상(컴퓨터에게 전달하지 않은 채, 피험자가 실제로 본 동영상)과 얼마나 근접했는지 궁금하다면, 인터넷에서 확인해볼 수 있다.[3]

그러나 너무 높은 기대는 금물이다. 대상의 순서와 구조에서 눈에 띄는 유사성이 있긴 하지만, 세부적으로 완벽함과 거리가 멀다. 이는 뇌 활성 패턴에서 곧바로 움직이는 이미지를 읽어내려면 아직 갈 길이 얼마나 먼지를 명확히 보여준다. 그러나 언젠가 시공간 해상도가 높은 세밀한 뇌 신호를 얻게 되면, 동적 이미지 역시 뇌 활성 패턴에서 직접 읽을 수 있을 것이다.

단어의 의미

백과사전으로 돌아가보자. 혼합 접근 방식으로, 앞에서 말한 문제도 해결하고, 컴퓨터를 사전에 훈련할 필요 없이 모든 단어와 단어의 조합을 뇌 활성 패턴에서 읽어낼 수는 없을까? 이미지의 경우라면, 인식의 구성 요소가 무엇인지 대략 짐작할 수 있다. 아마 개별 픽셀일 것이다. 그러나 단어의 의미는 어디에서 생성될까? 몇몇 소수 단어의 뇌 활성 패턴으로 수많은 단어의 의미를 재구성할 수 있는 접근 방식이 필요하다.

피츠버그 카네기 멜론대학의 톰 미첼Tom Mitschell과 마셀 저스트Marcel Just 연구팀이 획기적인 아이디어를 고안했다. 개별 픽셀로 구성된 이미지를 혼합할 수 있다면, 개별 의미 단위로 구성된 단어들을 혼합하지 못할 이유가 뭐란 말인가? 실제로 몇 가지 질문으로, 상대가 지금 무슨 생각을 하는지 추측해낼 수 있는 작은 전자 장치가 있었다. ("20개 질문에 답하세요. 그러면 당신이 무슨 생각을 하는지 내가 맞힐게요."*) 예를 들어, 우유는 액체이고, 밝은 색이고, 마실 수 있으며, 건강에 좋다. 액체와 고체, 밝은 색과 어두운 색, 마실 수 있는 것과 마실 수 없는 것, 건강에 좋은 것과 좋지 않은 것, 이 네 가지 의미를 읽을 수 있도록 컴퓨터에게 가르칠 수 있다면, 컴퓨터는 상대가 지금 우유를 생각하는지 아닌지 맞힐 수 있다는 것이다. 컴퓨터는 그저 이런 다양한 기본 의미를 학습하기만 하면 된다. 우유를 생각하고 있다는 것을 이런 방식으로 알아내려면 당연히 아주 힘들 텐데, 학습해야 할 기본 의미가 수없이 많을 것이기 때문이다.

그러나 분별할 기본 의미를 학습해두면, 다른 생각을 읽을 때도 사용할 수 있다. 예를 들어 적포도주를 생각하면, 대략 액체, 어두운 색, 마실 수 있는, (어느 정도) 건강에 좋은 것임을 읽을 수 있다. 이런 방식으로 벌써 두 가지 다른 생각을 읽어낼 수 있다. 만약 고체, 어두운 색, 마실 수 없는 것, 건강에 좋지 않은 것이라면, 컴퓨터는 아마도 초콜릿이라는 결론을 내릴 것이다. 물론, 연구에서 사용한 기본 의미는 이 네 가지보다 훨씬 더 많았다.

실제로 비슷한 연구에서 다양한 단어의 의미를 최대 77퍼센트 적중률로 맞히는 데 성공했다.[5] 피츠버그 연구팀은 먼저 기본 의미 25개를 정했다. 그들은 '보다', '냄새 맡다', '누르다', '들다' 등, 가능한 한 보편적인 동사를 골랐다. 그다음 기본 의미 25개와 연결된 뇌 활성 패턴을 측정하는 데 수학적 절차를 이용했다. 그들의 가정에 따르면, 다른 모든 단어는 기본적으로 이 25개 기본 의미의 혼합으로 구성된다. 그렇더라도 여전히 질문이 남았다. 무엇을 근거로 어떤 비율로 기본 의미가 혼합될까? 연구자들은 거대한 데이터베이스의 수학적 분석에 통달한 사람들이었다. 그들은 가장 거대한 텍스트, 즉 구글에 저장된 텍스트를 분석했다. 두 단어가 높은 확률로 같은 웹사이트에 나란히 등장한다면, 두 단어의 의미가 매우 밀접하다는 것이 연구팀의 기본 아이디어였다. '코끼리'라는 단어를 보자. 코끼리에 관한 웹사이트에는 '엄니', '아프리카' 혹은 '두꺼운 피부'가 자주 등장한다. 이런 동시 등장을 근거로 거칠게나마 이 단어들이 친척 관계라고 결론지을 수 있다. 이런 원리에 따라 이제 미첼과 저스트는 25개 기본 의미의 뇌 활성 패턴을 각각 혼합했다. 이 방법은, 알려지지 않은 새로운 그림에 거장들의 화풍이 얼마나 많이 담겼는지 알아내는 것과 유사하다. 이것을 위해 칸딘스키, 클레, 고흐의 그림을 한 점씩 고르고 개별 걸작의 화풍을 좌우하는 부분을 가늠자로 정한다. 이제 새로운 그림과 최대한 가까워지도록 세 가늠자를 적절한 비율로 혼합한다. 그러면 새로운 그림에 칸딘스키, 클레, 고흐의 화풍이 각각 얼마만큼 담겼는지 알아낼 수 있다.

그러니까 기본 아이디어는, 벽돌을 쌓듯 복잡한 생각을 건축하는 것이다. 콘서트홀의 뇌 활성 패턴에는 분명 홀과 콘서트가 약간씩 섞여 있다. 그러므로 미첼과 저스트가 개발한 방법으로 뇌 활성 패턴의 혼합 비율을 알아내면 컴퓨터를 미리 학습시키지 않고도 복잡한 생각을 읽을 수 있다.

나의 예전 박사 과정 학생 파트마 데니즈Fatma Deniz는 비슷한 접근 방식으로 2019년에 캘리포니아대학 버클리캠퍼스의 잭 갤런트 연구팀에서, 텍스트를 직접 읽든 다른 사람이 읽어주든 상관없이 단어 의미의 코딩이 아주 비슷함을 입증할 수 있었다.[6] 그것은 뇌의 언어가 시각과 청각 같은 개별 감각에 좌우되지 않는 보편적 언어라는 또 다른 증거다.

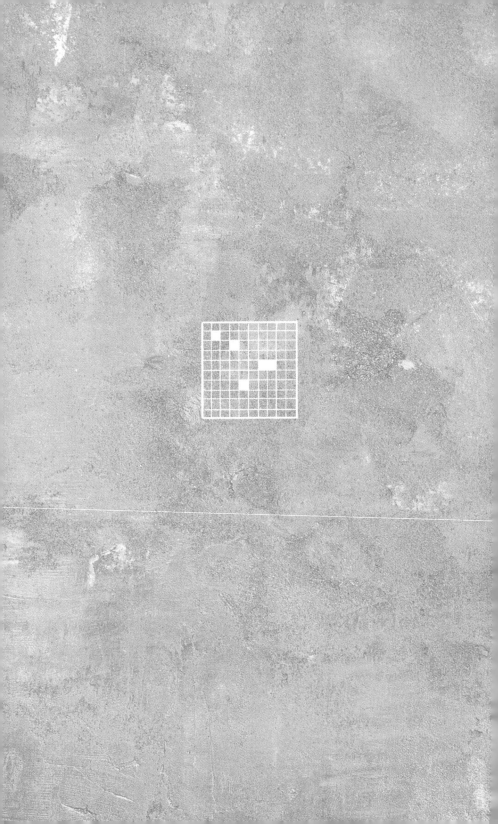

13장

생각을 읽는 기계로 가는 험난한 길

앞에서 설명한 혼합 방식이 실제로 작동한다는 것이 놀랍겠지만, 사실 여기에는 명확한 한계가 있다. 두 단어의 동시 등장은 비록 의미의 공통분모를 알려주지만, 그것으로 두 단어의 뉘앙스 차이는 알 수 없다. 예를 들어 뉴스에서 종종 '정치'라는 단어가 '날씨'라는 단어와 근접하여 등장한다. 그럼에도 두 단어는 상호 연관성이 거의 없다. 또한, 이 접근 방식은 언어의 중요한 기본 원칙 하나를 무시한다. 언어는 '합성'이 아니다. 조합된 문장이나 단어의 의미가 반드시 개별 단위의 의미 그대로를 합친 것은 아니다. 그러나 혼합 방식이 제대로 작동하려면, ('합성성'이라고도 불리는) 조립 원리가 필요하다.

'파티 모자'라는 합성어의 경우 '합성성'이 좋은데, 개별 구성 요소에서 합성어의 의미를 유추해낼 수 있기 때문이다. '파티 모자'는 파티에서 쓰는 모자다. 그러나 'Hasenfuß(토끼발)'의 경우는 다르다. 이 합성어의 의미인 '겁쟁이'를 개별 구성 요소에서 유추할 수 없다. 토끼도 발도 '겁쟁이'와 아무 연관이 없기 때문이다. 이 단어의 의미를 모르거나, 적합한 맥락을 모르면, 이 단어를 설명할 수 없다. 조립 원리를 따르지 않는 이런 단어를 '관용적 표현'이라고 부른다. 이것은 언어에서 큰 부분을 차지하고, 미첼과 저스트의 접근 방식으로는 이해될 수 없다.

그러나 브레인 리딩의 앞길을 막는 장애물이 그것만은 아니다. 완전무결한 만능 브레인 리딩기가 어떻게 작동할지 구체적으로 생각해보면, 어떤 장애물이 있는지 이해하는 데 도움이 될 것 같다. '마법사 저메인'으로 알려진 미국 마술사 칼 저메인Karl Germain은 20세기 초에 '생각을 읽는 능력'으로 돈을 벌었다. 관객 한 명이 무대로 올라와 임의로 도형 하나를 생각한다. 저메인이 칠판에 그 도형을 그린다. 관객들에게 이 장면은 아마 감탄을 자아냈으리라. 이 마술을 현대에 맞게 재현하되, 마법사 저메인 대신 뇌 스캐너가 무대에 있다고 상상해보라. 피험자가 스캐너에 누워 생각한 이미지가 곧바로 읽힌다. 이런 상상은 '만능 브레인 리딩기'가 채워야 할 요구를 잘 보여준다. 생각을 읽는 기계는 '임의의' 모든 생각을 읽을 수 있어야 하고, '임의의 세부 사항'을 명료하게 읽는다면 더욱 좋다. 또한, '임의로 선택한' 사람의 생각도 '훈

〈그림 24〉

'마법사 저메인'으로 알려진 미국 마술사 칼 저메인은 '임의로' 선택한 관객 한 명이 속으로 생각한 도형을, 눈을 가린 채 그릴 수 있었다.

런 시간 필요 없이' 알아낼 수 있어야 한다. 만능 브레인 리딩기란 대략 그런 기계다. 그런 기계가 과연 필요하냐의 문제는 일단 차치하더라도, 현재 그런 수준의 기계는 아직 기대할 수 없다.

임의로 선택한 어떤 사람이 만능 브레인 리딩기에 한동안 누워 있으면, 그동안 그 사람의 의식 활동을 낱낱이 기록할 수 있으리라. 이 기록은 분명 그 사람의 기억보다 더 방대할 텐데, 기계는 사람과 달리 아무것도 망각하지 않기 때문이다.

현재 그런 만능 브레인 리딩기의 탄생을 가로막는 장애물은 무엇일까?

공간 해상도: 우선 fMRI 촬영의 기술적 문제를 꼽을 수 있겠다. 혈중 산소 함유량을 기반으로 하는 뇌 활성 측정은 애초에 그 해상도가 혈관계 규모에 제한된다. 지금의 기술로는 1밀리미터 수준에 머물고 그래서 중대한 신경세포 차원까지 침투하지 못한다.

아마 모든 개별 신경세포를 측정할 필요는 없을 텐데, 뉴런은 소위 '기둥'으로 조직된 소그룹으로 일하기 때문이다. 현재 fMRI로 뉴런 기둥까지 침투하기는 어렵지만, 더 강한 자기장의 도움으로 이 수준의 해상도에 접근하는 방법이 이미 개발되었다. 다른 한편으로 어쩌면 뇌 활성 패턴을 포괄적으로 조망하는 편이 생각을 읽는 데 훨씬 더 유용할지도 모른다.

시간 해상도: 5장에서 설명했듯이, 또 다른 문제는 fMRI의 시간 지연, 즉 관성이다. fMRI는 혈액 내 산소 신호로 측정되기 때문에, 언제나 실시간보다 몇 초씩 뒤처진다. 또한, 얼굴이 빨개지는 경우처럼 언제나 정확히 똑같은 길이로 지연되는 것이 아니므로 또 다른 시간적 부정확성이 추가된다. 그러므로 신경세포의 활성을 직접 촬영하지 못할 뿐 아니라, 어느 정도의 공간적·시간적 불명확성 안에서 측정할 수밖에 없다.

상용 적합도: 기술적 문제가 해결되더라도 순전히 실용적인 또다른 문제들이 남는다. 상세하고 풍성한 생각의 초상화를 얻으려면, 일상 상황에서도 기계를 쓸 수 있어야 한다. 거리에서, 일터에서, 마트에서, 자연에서, 범죄 현장에서. 그러기에 fMRI는 부적합할 것이다. 무게가 15톤이나 되는 기계는 실험실에 머물러야 한다. 설령 기술의 진보가 있더라도, fMRI가 어디에나 가지고 다니면서 쓸 수 있을 정도로 형태와 무게가 축소되지는 않을 것이다. 그러므로 뇌 스캐너 안에서 생각을 읽는 작업은 실험실에 의존할 수밖에 없다. 그래서 질문의 범위도 어쩔 수 없이 막대하게 축소된다. 두 사람이 파티에서 첫눈에 반했을 때의 뇌 활성은 fMRI로 결코 측정될 수 없을 것이다. 룰렛 게임의 숨 막히는 긴장감, 축구 경기장에서 느끼는 환희, 오감을 자극하는 백화점에서 내리는 구매 결정 역시 뇌 스캐너로 촬영하기는 어려울 것이다.

그러나 EEG 모자(이것은 나중에 다룰 예정이다)의 도움으로 이미 그런 상용화가 확실히 가까워진 상태다. 오늘날 이미 실험실 밖의 '야생에서' 연구들이 진행된다.[1] 이런 연구에서는 피험자들이 자유롭게 주변을 돌아다닐 수 있다.

사고 패턴의 개별성

브레인 리딩의 가장 큰 도전 과제는 사람마다 뇌 활성 패턴이 아주 다르다는 점이다. 두 사람이 모두 손을 생각하더라도, 두 사람의 뇌 활성 패턴이 아주 다르다. 물론, 한 사람은 손을 생각하고 다른 한 사람은 고양이를 봤을 때보다는 더 비슷하고 활성 영역 역시 비슷하더라도, 세부 패턴이 너무 달라서 한 사람의 패턴으로 컴퓨터를 학습시킨 후 그것을 다른 사람의 생각을 읽는 데 활용할 수가 없다. 적어도 높은 적중률을 바란다면 말이다. 표범두 마리의 털과 약간 비슷하다. 두 마리의 표범 모두 베이지색과 검은색 점으로 구성된 기본 무늬가 반복된다. 그러나 두 표범의 점 패턴을 정확히 비교하면, 둘의 차이가 금세 드러난다. 개별 동물의 패턴은 각각 조금씩 다르다. 일찍이 고트프리트 빌헬름 라이프니츠가, 같은 나무의 잎들도 서로 차이가 있음을 지적했다. "완전히 똑같아 보이는 나뭇잎 두 개를 정원에서 발견했다면, 잘못 본 것이다."[2] 뇌 활성 패턴도 그렇다. 그런데 이런 차이는 어디에서 기인하는 걸까?

차이가 생기는 이유는 여러 가지다. 학습 이력만 보더라도 벌써 개인마다 다르다. 어렸을 때 충실한 동반자이자 놀이 친구였던 개를 키웠던 사람은 당연히 어렸을 때 개에게 쫓기거나 물렸던 적이 있는 사람과 전혀 다른 추억을 개와 연결한다. 같은 생각이라도 완전히 다른 연상을 일으킨다. 그러므로 뇌가 다르게 코딩할 수밖에 없고, 그 결과 각각의 뇌 활성 패턴이 완전히 같을 수 없는 것이 당연하다.

직업적으로 뇌와 관련이 많고 MRI 사진을 자주 본 사람이라면, 해부학적으로 정확히 일치하는 두 개의 뇌는 존재하지 않음을 금세 알 것이다. 약간만 연습하면 뇌의 주름과 그 사이의 고랑과 이랑에서 언제나 차이를 발견할 수 있다. 뇌의 해부학 구조는 적어도 지문만큼 개별적이다. 이런 이유만으로도 사람마다 뇌 활성 패턴이 서로 다르다.

그사이 컴퓨터 모델의 도움으로 개별 뇌를 연계할 다양한 가능성이 생겼다. 컴퓨터 모델의 해부학 구조를 작업하여 다른 사람의 뇌와 정확히 일치시킬 수 있는 것이다. 또 다른 방법은 해부학 구조가 아니라 뇌 활성에서 도출하는 것인데, 이때 뇌의 어떤 영역이 어떤 생각에 특히 강하게 반응하는지를 이용한다. 예를 들어 앞에서 다뤘던 촉각 지도 '호문쿨루스'가 가능한 한 잘 일치하도록 컴퓨터에서 뇌를 압축할 수 있다.

그러나 실제 실험에서는 또 다른 개별성이 문제가 된다. 예를 들어, 실험에 참여한 피험자가 과연 대표성을 띨까? 피험자로 실험에 참여하는 사람은 대개 대학생들이다. 그래서 실험 결과는 우선 한정된 연령대와 학력 집단을 대변한다. 잘 알려졌듯이 중고생의 뇌, 20대 대학생의 뇌, 70대 노인의 뇌는 각각 매우 다르다. 20대부터 벌써 뇌 물질이 서서히 해체되기 시작한다. 말하자면 나이가 많을수록 뇌세포 수가 적다는 뜻이다. 그렇더라도 대학생들의 몇몇 지적 역량은 10대 청소년보다 더 높다.[3] 그러므로 실험실에서 대학생 집단의 사고 패턴이 특정 뇌 영역에서 코딩되는 것이 확인되더라도,[4] 이 결과가 반드시 다른 범주의 사람들까지 포괄하는 것은 아니다.

어쨌든 뇌과학과 심리학은 이런 선별적 피험자 선택으로, 이른바 'weird people'만 다룬다는 비난을 받아왔다. 'weird people'이라는 용어는 '이상한' 혹은 더 나아가 '별난'으로 번역될 수 있는 'weird'라는 단어 때문에 아이러니하게 들릴 수 있는데, 이 용어는 '이상한 사람들'이라는 뜻으로 쓰인 것이 아니다. 'weird'는 'white, educated, from industrialized rich democratic countries(백인, 고학력자, 부유한 민주주의 산업국가 국민)'의 머리글자를 따서 만든 단어다. 그러니까 이런 비판에 따르면 대부분의 실험이 사회적·지적 특권층만을 대상으로 진행되었고, 그들이 전 세계 다양한 문화에 사는 사람들을 대표한다.

그러나 뇌의 기능 방식에는 늙었든 젊었든, 흑인이든 백인이든, 가난하든 부자든 상관없이 거의 모든 건강한 사람에게 적용되는 기본 원리가 있다. 예를 들어 시각을 보자. 거의 모두가 밝은 곳에서 색상을 잘 구별할 수 있고, 어둠이 짙어질수록 점점 더 색상 구별을 못 한다. 이 부분에서만큼은 'weird' 피험자들 역시 나머지 지구인과 다르지 않았다. 개 혹은 고양이에 관한 생각도 모든 뇌의 비슷한 영역에서 발견될 것이고, 호주 원주민의 뇌도 백인 하버드 졸업생의 뇌도 그것에 해당하는 특정 신경 활성 패턴을 형성할 것이다.

반면, 암산이 중요한 구실을 하는 실험을 하면서 'weird people'을 피험자로 선택한다면, 그것은 확실히 선택 왜곡이라할 수 있다. 대학생들은 평균적으로 다른 사람들보다 암산을 더 잘할 수 있기 때문이다. 그러므로 모든 실험에서는 언제나 개별성과 대표성의 문제가 고려되어야 한다.

이런 점에서 다른 학문 분야 역시 뇌과학과 근본적으로 다르지 않다는 사실이 작은 위로가 된다. 일반적으로 늘 정확한 학문으로 통하는 물리학 역시 종종 근사치와 단순화를 이용한다. 구체적인 개별 자동차의 물리적 제동 거리조차 근사치로 특정될 수 있는데, 개별 자동차의 마찰, 발열, 도로 상태, 타이어 품질 등 수많은 영향 요인이 대략적으로만 알려져 있기 때문이다. 결국, 모든 세부 변수들을 고려하고 의심의 여지가 전혀 없는 결과를 얻을 수 있는 완벽한 실험 설정은 거의 불가능하다.[5]

fMRI를 이용하는 실험에서는 피험자 선별을 애초에 제한하는 또 다른 요인이 더해진다. fMRI 측정을 하려면, 실험이 진행되는 동안 최대 1시간을 비좁은 통 안에 편안히 누워 있어야 한다. 그런데 어떤 사람에게는 이 일이 참을 수 없는 고통일 수 있다. 또한, 스캐너에 누워서야 비로소 폐소공포증이 있음을 깨닫고 강한 공포감을 느끼는 피험자들도 더러 있다. 그러면 당연히 실험은 즉시 중단된다. 어차피 그런 상태에서는 제시된 과제를 제대로 수행할 수 없을 테니 말이다. 게다가 순전히 물리적 이유로 배제되는 피험자도 있다. fMRI의 강한 자기장 때문에 심장박동 조정기나 금속 임플란트 혹은 피어싱을 한 사람은 안전상의 문제로 실험에 참여해선 안 된다. 이처럼 브레인 리딩에서도 악마는 디

테일에 있다.

컴퓨터는 실제로 무엇을 배울까?

20세기 초 베를린에는 특별한 재능을 타고난 말이 있었다. 말의 이름은 한스였다. 한스의 주인인 수학자 빌헬름 폰 오스텐 Wilhelm von Osten은 마을 사람들을 놀라게 해주려고 농장의 말에게 온갖 계산과 글자를 몇 년에 걸쳐 가르쳤다.

실제로 한스는 점차 뭔가를 배운 것처럼 보였다. 예를 들어 8의 절반이 무엇이냐고 한스에게 물으면, 한스는 발굽으로 땅을 네 번 찼다. 한스는 이렇게 땅을 차는 방식으로 시각을 맞힐 수 있었고, 저명한 손님의 이름 철자를 댈 수 있었다. 한스는 "똑똑한 한스"라 불리며 세계적으로 화제가 되었다. 황제 역시 한스에게 관심이 있었고, 당시 명성이 자자했던 〈뉴욕타임스〉까지 한스의 실력을 보도했다.

그런데 한스가 정말로 계산을 하고 글자를 읽을 수 있었을까? 아니면 모든 것이 그저 속임수였을까? 과학 최고위원회가 이 일을 조사했다. 조사 결과, 주인이 말에게 비밀 신호를 주는 유형의 조작은 발견되지 않았다. 그러나 빌헬름 폰 오스텐이 곁에 없으면, 한스는 정답을 맞히지 못했다. 그리고 주인이나 다른 사람들이 정답을 모르면, 한스 역시 맞히지 못했다. 한스는 눈에 띄지 않는 미세한 흥분을 주인에게서 감지하는 방법을 어떤 식으로든 배웠고, 그래서 언제 발굽을 멈춰야 할지 알았던 것 같다. 그 후로 심리학에서는, 다른 사람의 미세한 몸짓 신호를 기반으로 정답을 맞히는 경우, 그러니까 이른바 '정보 유출'을 통해 정답을 맞히는 경우를 '똑똑한 한스 효과'라고 불렀다. 의약품 개발에서 이중 블라인드 실험을 하는 이유도 이런 효과 때문이다. 이중 블라인드 실험에서는 효능 물질이 약에 함유되었는지 아닌지 피험자도 의사도 모른다. 실험 진행자인 의사가 자기도 모르게 피험자에게 힌트를 주고, 그로 인해 실험을 조작할 수도 있기 때문이다.

뇌 패턴을 분석할 때도, 컴퓨터의 실력이 어디에서 기인했는지 의심한다. 컴퓨터가 정말로 뇌 패턴에서 개의 '실체'를 알아본 걸까, 아니면 납작한 귀 혹은 갈색 털 같은 정보에 반응한 걸까? 사례 하나를 더 살펴보자. 컴퓨터는 동물이 찍힌 사진과 동물이 전혀 없는 사진을 어떻게 구별할 수 있을까? 한 가지 가능성은 아마도 컴퓨터가 수많은 사진을 통해 동물의 시각적 특징을 학습한 다음, 테스트 이미지에서 동물을 분별하는 것이리라. 동물이 있는 사진에는 납작한 귀, 털, 주둥이, 다리, 꼬리 등이 있다. 컴퓨터가 이 모든 것을 학습하면, 사진을 분별해내는 것이 가능하다. 그러나 동물 사진들에는 이런 시각적 특징 이외에 다른 공통점도 있을 수 있다. 이를테면, 동물 사진은 경향적으로 동물이 사진 한복판에 있다. 그래서 동물의 유무와 상관없이, 동물이 있는 사진과 없는 사진에 차이가 생긴다. 컴퓨터는 그저 사진 한복판에 뭔가가 있는 사진을 모두 동물이 있는 사진으로 표현하는 법만 배우면 된다. 그러면 컴퓨터는 동물의 특징을 전혀 이해하지 않고도, 우연보다 더 높은 적중률로 과제를 풀 수 있다.

우리들도 끊임없이 뭔가를 분별하지만, 정확히 어떻게 분별하는지는 말할 수 없다. 당신은 분명 어렵지 않게 어떤 사람의 성별을 구별할 수 있다. 이때 당신이 무엇에 주의를 기울이고 무엇을 기준으로 구별하는지 정확히 아는가? 우리는 모두 다년간의 성별 구별 경험이 있고, 그래서 우리는 성별에 따른 차이점을 쉽게 알아본다. 컴퓨터는 아주 많은 구별 기준을 가졌으리라. 예를 들어 머리 길이, 얼굴형 혹은 눈썹 등, 신체 크기를 기준으로 삼을 수 있다. 이런 기준 목록은 한없이 계속 늘릴 수 있다. 컴퓨터가 성별을 구별하기 위해 정확히 무엇을 배웠는지 알면, 컴퓨터의 분별 능력을 테스트해볼 수 있다. 그러나 컴퓨터는 예를 들어 피험자가 화장을 했는지 안 했는지 같은, 우리가 놓친 특징에 주목할 수 있다. 남자와 여자를 구별하는 데 신발 사이즈도 어느 정도까지는 도움이 될 수 있을 것이다. 물론 발이 큰 여자와 발이 작은 남자가 있지만 신발 사이즈는 성별 분별을 위한 대략적인 힌트를 충분히 제공한다. 컴퓨터 프로그램이 뭔가를 분별했다는 이유만으로, 중요한 특징을 기준으로 분별했다고 보기에는 아직 이르다. 아무튼, 이것은 인공지능 분야에서도 큰 문제가 된다. 미국은 범죄자의 재범 가능성을 예언하는 데 이미 AI를 널리 이용한다. 범죄의 중대성 혹은 범행 유형이 예언 기준으로 이용된다면, 우리는 분명 그것을 문제로 여기지 않을 것이다. 그러나 피부색이 분별 특징으로 사용되는 즉시, 컴퓨터가 인종 차별 선입견을 재생산한다는 인상을 지울 수 없게 된다. 이것은 이미 AI 연구에서 널리 토론된 주제다. 브레인 리딩에서도 비슷한 덫이 있는지 눈여겨봐야 할 것이다.

2000년 중반부터 뇌 활성 패턴에서 생각을 알아내는 데 머신 러닝이 사용되었다. 이런 혁신적 접근 방식은 몇 년 안에 막대한 진보를 이루었다. 예상했던 것보다 훨씬 더 많은 세부 내용을 뇌 활성 패턴에서 읽어낼 수 있었다.

그러나 바야흐로 막다른 길에 서서히 도달하고 있는 것 같다. 생각의 세부 내용을 더 상세하게 읽어낼 수는 없을 것 같다. 머신 러닝으로도 단지 뇌 스캔이 제시하는 것만 읽을 수 있다. fMRI의 시공간 해상도를 개선하기 위해 뇌과학자들이 열심히 연구하지만, 과연 뇌 활성의 더 깊은 차원까지 침투할 수 있을지는 불분명하다. 어쩌면 우리는 디지털 사진의 발달과 비슷한 한계 앞에 서 있는 것일지 모른다. 디지털 사진의 경우 2004년경에는 500만 픽셀이면 전문적 수준으로 인정되었다. 그사이 스마트폰이 이미 12, 전문가용 카메라는 심지어 20 이상의 메가픽셀에 도달했다. 그러나 해상도가 네 배 높아졌다고 해서 화질이 네 배 더 좋아진 건 아니다. 보통 사진 크기의 경우, 5메가픽셀과 20메가픽셀이 거의 구별되지 않는다. 뇌 스캐너에서도 비슷하다. 어쩌면 우리는 신경세포 활성을 직접 측정할 수 있고, 혈관 해상도에 제한받지 않는 완전히 새로운 기술을 기다려야 할지 모른다.

14장

자유의지

2001년 9월 11일 아침 6시 직전, 따사로운 맑은 가을날이 막 시작되었다. 미국 메인주 포틀랜드 국제공항에서 평범한 두 남자가 보안 검색대를 지나갔다(〈그림 25〉). 이들은 보스턴으로 가는 5930편을 탔고, 그곳에서 지인 세 명을 만나 그들과 함께 로스앤젤레스로 가는 아메리칸항공 11편에 올랐다. 이때 아무도 몰랐던 사실이 있었으니, 압둘라지즈 알오마리Abdulaziz al-Omari와 모하메드 아타Mohammed Atta 두 남자는 역사상 가장 중대한 테러 공격을 수행할 작정이었다. 이윽고 이륙 직후인 8시 13분, 그들은 비행기를 납치했고, 8시 46분에 뉴욕 세계무역센터의 북쪽 빌딩으로 돌진했다. 승무원, 승객, 테러범, 아무도 살아남지 못했다. 충돌로

〈그림 25〉

2001년 9월 11일 포틀랜드 국제공항에서 체크인 중인 알오마리와 아타. 보안 검색대에 뇌 스캐너가 있었다면, 과연 그들의 테러 계획을 읽어낼 수 있었을까?

인해 세계무역센터 쌍둥이 빌딩이 붕괴했고 약 3,000명이 사망했다.

알오마리와 아타가 이른 아침에 포틀랜드 국제공항에서 보안 검색대를 통과할 때, 두 테러리스트는 앞으로 무슨 일이 벌어질지 알고 있었다. 그들은 세밀한 계획을 짰고 계획대로 움직였다. 이 비극적 운명의 날 보안 검색대에 뇌 스캐너가 있었더라면, 그래서 여객기 납치를 계획한 테러리스트 탑승객의 생각을 읽을 수 있었다면 어땠을까? 두 테러리스트를 색출해냈을까? 그런 숨은 의도를 과연 기계가 읽어낼 수 있을까?

인간의 사전 행동 계획은 매우 중요한 능력이다. 대다수의 동물들은 유전적으로 주어진 패턴에 따라 환경 자극에 고정된 반응을 보이지만, 인간은 대학 진학, 집짓기, 결혼 같은 수년 뒤의 일까지도 미리 계획을 세울 수 있다. 지금까지도 영향력이 매우 높은 19세기 철학자 칼 마르크스는 이 능력을 다음과 같이 표현했다.

거미는 방직공과 비슷한 일을 하고, 꿀벌의 밀랍 집은 인간 건축가들을 부끄럽게 한다. 그러나 가장 서툰 건축가와 가장 훌륭한 꿀벌 사이에는 애초에 견줄 수 없는 차이점이 있으니, 건축가는 집을 짓기 전에 미리 자신의 머릿속에 그것을 짓는다. 건축이 끝나면, 건축가가 처음에 상상했던, 그러니까 이미 이상적으로 존재했던 결과가 나온다.[1]

의도는 정신에서 중심 역할을 하는데, 의도 덕분에 행동이 목표에 종속되기 때문이다. 그러므로 나는 베른슈타인 센터의 동료들과 브레인 리딩에 성공한 뒤, 당연히 뇌 활성에서 의도 역시 읽어낼 수 있을지 알아내고 싶었다.

그러나 의도를 어떻게 만들어낼 수 있을까? 의도는 감정과 다를 것이 없다. 대다수 실험에서 피험자들은 과제나 지시를 받는다. 그러나 의도는 기본적으로 외부에서 지시되는 것이 아니라, 스스로 무엇을 하고자 선택하는 것이다. 그러므로 우리는 뇌 스캐너 안에서 피험자가 스스로 무엇을 하고 싶은지 결정할 수 있게 하는 실험을 설정해야 했다. 물론, 그들의 선택이 완전히 자유로운 것은 아니었다. 어쨌든 그들은 덧셈 혹은 뺄셈을 결정할 수 있었다. 진정한 자유는 당연히 이와 다른 모습이지만, 모든 것이

지시되었던 이전 실험들과 비교하면, 이런 설정은 자유로운 선택 방향으로 한 걸음 다가갔다고 볼 수 있다.

피험자는 무엇을 할지 결정한 뒤 곧바로 행동하는 것이 아니라, 정신을 집중하여 곧 있을 계산을 속으로 준비해야 했다. 이런 집중 단계가 지나면 비로소 모니터에 구체적인 계산 문제가 등장했다. 그다음 몇몇 숫자들이 선택지로 등장하고, 피험자들은 그중에서 정답을 선택해야 했다.

피험자가 정답을 맞혔는지 아닌지는 실험 결과에 중요하지 않았다. 오히려 그들이 계산법을 결정하고 속으로 계산을 준비하며 기다렸던 집중 단계가 중요했다. 이 단계에서 피험자의 의도가 가장 명확히 드러났다. 이 시점에서 의도는 피험자의 생각에만 존재할 뿐, 아직 실행되지는 않았다.

강연 때 나는 종종 청중들에게 이 실험을 소개하고 상상으로 같이 해보자고 청한다. 나는 청중들에게 계산 문제를 받기 전에 먼저 덧셈과 뺄셈 중 하나를 결정하라고 한 다음, 결정했다고 하면 이렇게 묻는다.

"지금 여러분의 뇌 활성을 촬영한다면, 거기서 여러분의 결정을 알아낼 수 있을까요?"

대다수 청중은 아니라고 대답한다. 자신의 결정이 비밀 창고 안에서 내려지고 그것이 뇌 활성에서 드러나는 일은 없을 것이라고 믿는 사람이 압도적 다수다. 여기서 우리는 서두에서 얘기했던 이원론적 관점을 다시 만난다.

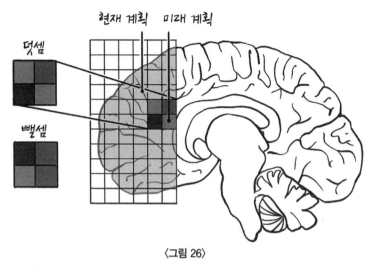

〈그림 26〉

간단한 의도가 판독될 수 있는 뇌 영역. 이 영역의 활성을 판독하면, 이 사람이 몇 초 뒤에 무엇을 할지 알 수 있다. 피험자가 덧셈을 계획하느냐 뺄셈을 계획하느냐에 따라 브로드만 영역 10(이마 바로 뒤)의 뇌 활성 패턴이 다르다. 컴퓨터에게 이 패턴을 분별하도록 가르치면, 대략 70퍼센트 적중률로 의도를 판독할 수 있다.

그러나 실험 결과는 다른 방향을 가리켰다. 컴퓨터의 도움으로 우리는 피험자의 뇌 활성 패턴에서 의도를 읽어내는 데 성공했다. 적중률이 약 70퍼센트에 달했다. 그러니까 의도 읽기는 완벽하진 않지만, 상당히 우수한 결과를 보였다.[2]

이 실험으로, 의도 정보가 전전두피질(더 정확히 말하면, 이른바 브로드만 영역 10인 앞쪽 전전두피질)의 활성 패턴으로 저장됨이 밝혀졌다. 브로드만 영역 10은 이마 바로 뒤에 있다. 이것은 뇌졸중으로 앞쪽 전전두피질이 손상된 환자들을 조사한 연구 결과와도 아주 잘 맞아떨어졌는데, 이들은 자기 행동의 의도를 인지하지 못했다.

그러나 이것이 과연, 압둘라지즈 알오마리와 모하메드 아타의 테러 계획을 보안 검색대에서 알아낼 수도 있었다는 뜻일까? 그러니까 모든 공항에 즉시 이런 뇌 스캐너를 설치해야 할까?

극복하기 힘든 기술적·방법론적 문제 외에도, 여기에는 심리적 차원의 문제도 있다. 테러 계획을 알아내기 위해 공항에 뇌 스캐너를 설치했다는 사실을 테러리스트가 안다면, 그들은 어떻게 행동할까? 당연히 계획을 숨기려 할 것이다. 계획을 숨기는 수단과 방법은 아주 많다. 예를 들어 그들은 다른 생각을 하거나, 아마도 그들에게 약속된 낙원에 생각을 집중하여 계획된 행위를 생각하지 않으려 애쓸 것이다. 결국, 여객기 납치 계획은 가려지고 뇌 스캐너는 테러 계획을 알아내지 못할 것이다.[3] 실험실 밖에서 뇌 스캐너를 구체적으로 활용한다면, 사람들은 생각을 들키지 않기 위한 방어책을 언제나 마련할 것이 뻔하다. 대표적 방어책이 바로 딴생각하기 전략이다.

그렇다면 다른 여행객들은 어떻게 될까? 예를 들어 무고한 탑승객은? 어쩌면 순수한 호기심에서 보안 검색대를 통과하는 동안 여객기 납치를 생각할 수 있다. 뇌 스캐너가 이런 몽상을 진짜 의도와 혼동할 수도 있다. 혹은 겁 많은 승객이 뇌 스캐너를 통과하는 동안 내내 '아무도 이 비행기를 납치하지 않아야 할 텐데!'라는 생각만 해서 테러리스트로 의심받을 수 있다. 어떤 승객은 어쩌면 보안 검색 자체가 두려워, '어쩌지, 지금 나는 보안 검색대에 있어. 여객기 납치를 생각하고 있다는 인상을 줘선 절대 안돼!'라는 강박이 생길 수 있다. 보안 검색대 직원이 이 모든 탑승객을 용의자로 따로 분류해두는 동안, 딴생각하기 전략으로 낙원을 상상한 테러리스트들은 보안 검색대를 무사히 통과할 것이다.

보다시피, 브레인 리딩 기술이 아무리 진보하더라도, 공항에서 테러 계획을 알아내기까지는 여러 장애물이 길을 막는다. 확고한 의도와 그것과 아주 흡사한 생각을 분별하기가 (지금 수준에서는) 매우 어렵다.

결정보다 앞서서

2001년 9월 11일의 테러리스트와 관련하여 또 다른 근본적인 물음이 생긴다. 테러를 자행하려는 의도는 뇌에서 어떻게 생겨나는 걸까? 이것은 답하기가 매우 어려운데, 아직 아무도 테러 직전에 테러리스트의 뇌 과정을 조사한 적이 없기 때문이다. 또한, 결정의 기반에 있는 수없이 많은 정신적 요인들을 총체적으로 이해하는 것은 거의 불가능하다.

차라리 더 일반화하여, 특정 행동을 실행하기 전에 뇌에서 무슨 일이 벌어질까를 묻는다면 더 단순해질 것이다. 이 물음은 곧바로 뇌과학 역사상 가장 유명한 실험으로 우리를 안내한다. 미국 생리학자 벤저민 리벳Benjamin Libet은 1970년대와 1980년대에,

뇌에서 어떻게 결정이 내려지는지에 완전히 몰두했었다. 이것을 위해 그는 자신의 이름을 딴 획기적인 '리벳 실험'을 단행했다. 이 실험의 기본 아이디어는, 피험자에게 결정을 내리라고 하고, 결정을 내리기까지 그들의 뇌에서 무슨 일이 벌어지는지 관찰하는 것이었다.

벤저민 리벳의 자유의지 실험

1983년에 자유의지를 근본적으로 의심하는 리벳의 연구가 발표되었다.[4] 리벳과 그의 동료들은, 인간이 결정을 내리기 직전에 뇌에서 무슨 일이 일어나는지 알고자 했다. 실험을 가능한 한 한눈에 조망하기 위해 연구진들은 아주 단순한 결정들로 설정했다. 피험자는 손을 움직이고 싶은 충동이 생기자마자 손을 움직여야 했다. 근육에 있는 신경세포의 발화를 측정하는 근전도검사기Electromyograph, EMG가 동작의 시작을 기록했다(그것은 〈그림 27〉에서 T_B 시점에 해당한다). 동시에 피험자는 이런 행동을 하겠다는 의지가 언제 느껴졌는지 기록해야 했다. 리벳은 그 시점을 아주 정확히 알기 위해 특수 시계를 제작했다. 그는 빛이 모니터에서 원을 그리며 돌게 했다. 이 빛은 시계의 초침처럼 숫자판 위를 움직였다. 그러나 이 점은 보통 시계와 다르게, 한 바퀴를 도는 데 60초가 아니라 단 2.5초가 걸렸다. 피험자는 이 특수 시계를 이용해 어느 시점에 의식적으로 결정을 내렸는지 알려야 했다(그림에서 T_W로 표시되었다). 동시에 EEG로 피험자의 뇌 활성이 측정되었다. 이것을 위해 리벳은 피험자의 정수리 부분 두피에 전극을 부착했다. 뇌가 어떤 행동에 준비가 되었으면, 그 행동이 의식적으로 행해지기 약 1초 전에 벌써 뇌 신호가 등장하는데, 1965년에 독일 뇌과학자 한스 코른후버Hans Kornhuber와 뤼더 데에케Lüder Deecke가 정수리 부분에서 그 신호를 기록하는 데 성공했기 때문이다. 코른후버와 데에케는 이 신호를 '준비잠재성Bereitschaftspotenzial'이라고 불렀다.[5] 그러나 그들의 실험은, 이런 준비잠재성이 피험자가 결정을 내렸다고 느끼기 전에 나타나는지 여부는 입증할 수 없었다.

리벳은 이것을 입증하고자 했다. 그는 실험에서 두 가지를 알아냈다. 첫째, 피험자가 손을 정말로 움직이기(T_B) 전에 피험자의 의지가 발생했다(T_W). 행동하기 전에 결정이 내려지므로, 당연한 결과였다. 두 번째 결과는 더욱 놀라웠는데, 피험자가 자신의 손을 움직이기로 결정하기 약 300밀리초 전에 피험자의 뇌에서 준비잠재성이(T_{BP}) 나타났다. 그러므로 리벳의 실험은 의식적 결정 전에 이미 뇌 활성이 변한다는 것을 입증했다(T_{BP}가 T_W보다 앞에 있다). 준비잠재성은 종종 무의식적 준비의 시작으로 해석된다. 그러나 피험자 자신은 아직 결정을 내리지 않았다고 느끼는 시점에 어떻게 뇌는 피험자가 곧 결정을 내릴 것을 미리 알 수 있을까? 중요한 것은, 이때 측정된 뇌 신호가 여러 주기에 걸친 평균값에 불과하다는 점이다. 그러므로 이때의 신호는 개별 결정에 관해 아무 정보도 주지 않는다. 이런 특별한 뇌 신호 없이도 움직임이 결정될 수 있을까? 또한 여기에서 볼 수 있듯이, 그런 결정 상

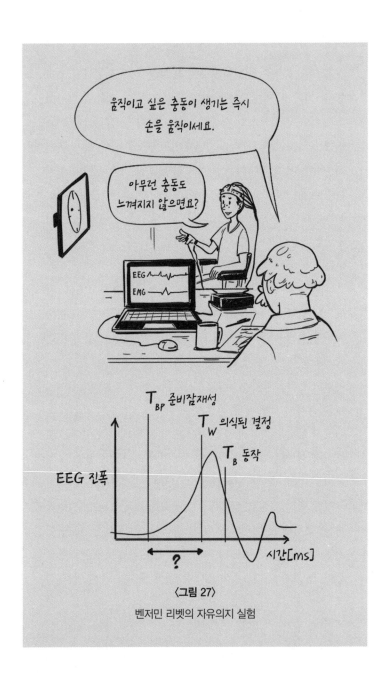

〈그림 27〉
벤저민 리벳의 자유의지 실험

황이 얼마나 현실적인지에 대한 의문이 제기된다. 예를 들어, 피험자가 움직이고 싶은 충동을 느끼지 않는다면 어떻게 될까? 최근에는 심지어 준비잠재성의 타당성조차 근본적 의심을 받는다.

리벳은 피험자에게 한 손을 움직일 의지가 느껴지는 바로 그 순간에 손을 움직이라고 부탁했다. 그리고 피험자는 동시에 자신이 '언제' 결정을 했는지 인식해야 했다. 흥미롭게도 피험자가 결정을 내렸다고 생각하기 0.3초 전에 이미 리벳은 EEG에서 전형적인 뇌 신호, 이른바 준비잠재성을 발견했다.

그러나 행동을 하기로 아직 의식적으로 결정하기도 전에 어떻게 뇌에서 그 행동의 실행 신호가 생길 수 있을까? 이는 피험자가 행동 충동을 느끼기 전에 이미 뇌 활성이 시작되었다는 뜻인데, 매우 역설적이다. 의식적 결정을 하기 전에 뇌가 활성화된다면, 피험자가 곧 결정할 것임을 뇌가 미리 알았다는 뜻이다. 뒤늦게 의식적으로 결정을 내렸다는 것과 그것과 반대되는 피험자의 주관적 느낌을 어떻게 양립시켜야 한단 말인가? 만약 의지가 실제로 이런 무의식적 뇌 활성의 뒤를 절뚝이며 뒤따른다면, 의식적 결정은 행동의 원인-결과 사슬에서 시작점일 수 없다. 리벳은 《마인드 타임Mind Time》이라는 자신의 책에서도 다음과 같이 물었다. "자유의지로 행동할 때, 정말로 의식적 의도가 신경세포의 활성에 영향을 미치거나 제어할 수 있을까?"[6]

이 실험은 거대한 폭발력을 내포하고 있었는데, 행동에 미치는 의식의 중대한 역할에 근본적 의문을 제기했기 때문이다. 우리가 의식하기 전에 먼저 뇌에서 우리가 무엇을 하게 될지 결정이 내려진 상태라면, 우리의 결정에 의지는 아무런 영향도 끼치지 않았고 그저 영향을 끼치는 척했을 뿐이라는 결론에 이른다. 그리고 앞선 무의식적 뇌 과정의 뒤를 의지가 뒤늦게 절뚝이며 따라간다면, 어떻게 의지가 자유로울 수 있단 말인가? 주의력이 깊은 독자라면 당연히, 의식적 의지가 무의식적 행동 성향을 제어하여 그 효력을 펼칠 수 있을 것이라고 즉시 지적할 것이다. 또한, 철학은 자유의지의 의미를 다양하게 해석한다.[7] 그럼에도 여러 뇌과학자가 리벳의 실험에서 자유의지가 존재하지 않는다는 한 가지 증거를 보았다. 그들의 결론에 따르면, 자유의지는 인간이 기꺼이 믿고 싶어 하는 환상에 불과하다.

이런 관점을 끝까지 파고들면, 형법을 근본적으로 바꿔야 한다. 자유의지가 없어 행동을 자발적으로 제어할 수 없다면, 범죄자에게 범행의 책임을 물어선 안 된다. 범행을 근거로 처벌할 수 없다. 이렇게 되면 살인이나 여타 범행의 책임은 그가(그러니까 그의 의도적이고 자발적인 의지가) 아니라 뇌의 오작동에 있다. 그러므로 재판을 받아야 할 대상은 범죄자가 아니라, 생물학적 신경 과정이 된다. 범죄자가 자신의 행위를 제어할 수 없다면, 그는 재판을 받아서도 안 된다. 그럼에도 결과적으로, 뇌가 지시한 또 다른 범행으로부터 사회를 보호하기 위해 그를 영원히 격리하여 감금할 수밖에 없으리라.

그러나 리벳의 실험을 비판하는 목소리도 커졌다. 손동작의 시간 순서를 조사하는 그런 단순한 실험을 근거로, 인간의 모든 자유의지와 곧바로 작별하는 것은 약간 성급하지 않을까? 어쩌면 실험에서 자유로운 결정이 전혀 없었을 수 있다. 실험이라는 환경이 자유를 강하게 제한했고, 피험자는 그저 손을 언제 움직일지만 자유롭게 선택할 수 있을 뿐, 실상 자유로운 행동 가능성은 거의 없었다. 말하자면 리벳의 실험은 오로지 '언제'만 다뤘다. 또한, 피험자가 실험 내내 곧 손을 움직일지 말지를 깊이 고민했다면, 의식이 시작 신호를 주지 않았는데도 뇌가 먼저 활성화되는 것이 사실 그리 놀랍지 않다. 훨씬 더 큰 도전 과제일 때를 상상해보면, 이해가 쉽게 되리라. 예를 들어, 당신이 처음으로 10미터 높이에서 다이빙을 하고자 한다면, 자유의지로 뛰어내리기 전에 당신은 분명 온갖 생각을 하게 될 것이다.[8]

25년이 지난 지금 브레인 리딩이라는 새로운 기술 덕분에 자발적 행동의 뇌 메커니즘을 어느 정도 더 자세하게 알 기회가 생겼다. 우리는 싱가포르 출신 춘 시옹 순Chun Siong Soon과 함께 라이프치히 막스플랑크 인지 및 신경과학 연구소에서, 리벳의 실험을 토대로 하되 중요한 개선이 추가된 실험을 진행했다(〈그림 28〉). 피험자는 우선 두 가지 중에서 하나를 결정할 수 있었다. 양손에 각각 단추 하나씩을 가졌고, 어느 쪽 단추를 누를지 선택할 수 있었다. 믿기 힘들겠지만, 인지 실험에서는 한 가지 선택지에서 두 가지 선택지로 넘어가는 한 걸음이 완전히 새로운 해석을 열 수 있다. 우리는 이 실험으로 기존의 가능성(한 손을 움직이는)뿐 아니라, 진짜 선택 가능성도 조사할 수 있었다. 그렇게 우리는 실험의 작은 변화로 자유의지라는 큰 주제에 약간 더 가까이 다가갔다. 또한, 우리는 이 실험에서 결정을 내릴 때 진행되는 뇌 과정의 세부 사항을 최대한 많이 알아내고자 했다. 리벳의 선구적 실험에서는 단지 EEG로 두피의 한 자리에서만 뇌 활성이 측정되었기 때문에 초점이 매우 협소했고, 그래서 그동안 뇌의 다른 영역에서 무슨 일이 일어나는지 알아낼 수 없었다.

우리는 MRI를 이용했기 때문에, 뇌 전체를 촬영할 수 있었다. 이렇게 측정된 뇌 활성을 컴퓨터 알고리즘이 분석했다. 피험자가 스스로 결정을 내렸다고 믿기 전에, 컴퓨터가 피험자의 뇌 활성 패턴에서 미리 결정을 예언할 수 있을까? 우리는 이 물음에 답하고자 했다. 컴퓨터 알고리즘은 먼저 훈련 단계에서, 피험자가 왼쪽 혹은 오른쪽 단추를 결정하기 직전의 뇌 활성 패턴을 학습했다.

우리의 실험 결과는 리벳의 결과보다 훨씬 놀라웠다.[9] 물론, 예상대로 행동 결정이 실제 행동보다 0.5초 일찍(〈그림 28〉 참조) 내려졌지만, 뇌 활성 패턴은 리벳의 실험보다 훨씬 더 일찍 피험자의 결정 내용을 보여주었다. 컴퓨터의 도움으로 우리는 피험자가 어느 쪽 단추를 누를지를 피험자 자신보다 최대 7초 일찍 알

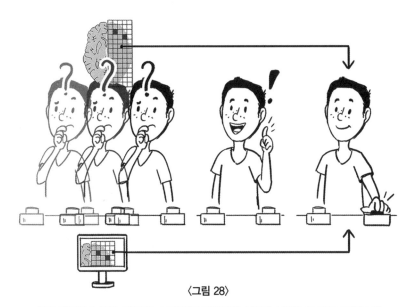

〈그림 28〉

최신 자유의지 실험. 피험자는 마음대로 자유롭게 선택한 시점에 두 단추 중에서 하나를(하나는 왼손으로, 다른 하나는 오른손으로) 누르기로 결정한다. 결정 시점을 측정하기 위해, 우리는 피험자가 보는 모니터에 알파벳이 무작위로 연달아 지나가게 했다. 0.5초에 한 번씩 새로운 알파벳이 나타났다. 피험자는 오른쪽 혹은 왼쪽 단추를 누르기로 결정한 순간에 모니터에 나타난 알파벳을 기억해야 한다. 그렇게 모든 데이터가 수집되었다. 왼쪽 또는 오른쪽 단추를 결정하는 뇌 활성 패턴, 의식적으로 결정한 시점의 뇌 활성 패턴, 행동을 실제로 이행할 때의 뇌 활성 패턴이 그것들이다. 전전두피질과 정수리피질의 뇌 신호 패턴에서, 우리는 피험자 자신이 결정을 내렸다고 믿기 7초 전에 미리 결정 내용을 알 수 있었다. 비록 적중률이 60퍼센트로 낮았지만, 우연보다는 높았다. 그럼에도 이 신호는 결정을 완벽하게 예언하지는 못했다.

왔다. 피험자 자신은 7초 뒤에 비로소 결정을 내렸다고 믿었지만, 뇌는 이미 결정 정보를 갖고 있었다.

뇌과학 맥락에서 보면 7초는 영원에 가까운 긴 시간이다. 이 긴 시간은 MRI의 지연으로 보기 어렵다. 게다가 MRI는 신호를 표시하기까지 몇 초가 지연되므로(5장 참조), 만약 MRI 신호를 통해 피험자보다 7초 먼저 결정 정보를 알게 된다면, 신경세포의 활성은 그보다 더 먼저라는 뜻이다. 그러므로 7초에 MRI의 지연 시간 몇 초를 더 추가해야 한다.

실험 결과는 의심스러울 정도로 놀라웠다. 이 결과가 정말 맞는 걸까? 일상에서 우리는 언제나 재빨리 상황에 반응할 수 있다. 자전거를 타고 가는데 길가에 서 있던 택시가 갑자기 자전거 도로로 들어오면 우리는 즉시 반응한다. 7초의 머뭇거림은 심각한 결과를 유발할 것이다. 그러나 실험에서 다룬 결정은 외적 사건에 대한 반응이 아니라, 스스로 선택하는 반응이었다. 피험자는 원할 때 결정을 했다. 서두를 필요가 없었고 직접적 자극에 반응할 필요도 없었다. 그러므로 이 결과는, 도로에서 다른 자동차가 위험하게 내 차선으로 끼어드는 것 같은 일상적 반응 결정에서 늘 몇 초가 지연된다는 뜻은 아니다.

이것을 명확히 하는 데 다음의 예시가 도움이 될 것이다. 식당에 앉아 메뉴판을 보고 있다고 상상해보자. 주문 마감 시간이 다 되어, 조급해진 종업원이 당신 앞에 서서 주문을 기다린다. 그러면 당신은 빨리 반응해야 한다. 그러나 평소에는 시간 압박 없이 아주 느긋하게 메뉴를 결정한다. 이것은 스스로 선택하는 반응이고, 이런 상황에서는 결정 내용을 뇌 활성에서 예언할 수 있다.

사실, 특정 결정이 상당히 이른 시점에 예언될 수 있는 것은 놀라운 일이 아니다. 커피 혹은 차를 마시고 싶은지 질문을 받는다면 당신은 아마 빨리 결정할 수 있을 것이다. 두 음료 중에서 하나를 더 좋아하기 때문에 1년 전에 이 질문을 받았더라도 아마 지금과 똑같이 결정했을 것이다. 그러므로 습관을 반영하는 특정 사례에서는 결정이 수년 이상이나 미리 예언될 수 있다.

그러나 본인은 아직 결정을 내리지 않았다고 생각하는데, 그가 할 행동을 예언하는 것이 어떻게 가능할까? 우리는 이런 결과가 나올 수 있는 다양한 경우를 꼼꼼하게 따져보았다. 예를 들어, 피험자가 속으로 몰래 7초 미리 결정해놓고 속임수를 쓴 걸까? 혹은 피험자가 편의상 미루다가 자신의 결정을 알렸을까? 이 두 가지 가능성은 확실히 배제할 수 있었다. 우선, 이른 뇌 신호가 등장한 바로 그 순간에 피험자들이 결정해놓고 7초를 기다렸다가 알렸다고 가정해보자. 다른 연구들이 오래전에 밝혀냈듯이, 동작을 결정한 후 실행될 때를 기다리면, 운동을 담당하는 뇌 영역이 즉시 활성화된다. 승부차기 때 공격수를 예로 들어보자. 그가 공을 차기 전에 왼쪽 구석으로 차겠다고 결정하면, 그의 운동피질은 공을 차기 전에 미리 움직임의 세부 사항을 준비한다. 골키퍼가 승부차기 준비 동안에 상대편 선수의 운동피질을 볼 수 있다면, 어느 쪽으로 공이 올지 미리 알 수 있을 것이다. 그러나 우리의 실험에서는 운동을 담당하는 뇌 영역에 아무런 활성이 없었다. 그것은 비록 뇌가 어느 정도의 결정 정보를 알았음에도 피험자는 실제로 어느 쪽 단추를 누를지 아직 결정하지 않았다는 것을 의미했다.

복잡하고 중대한 결정

우리가 결정을 내렸다고 믿기도 전에, 의식되지 않은 뇌 활성이 행동을 준비한다는 주장은 얼마나 타당할까? 우리의 실험은 아주 단순한 결정만 다뤘기 때문에, 현실성과는 다소 거리가 있었다. 그래서 우리는 나중에 다시 변형된 형식으로 실험을 진행하여, 복잡한 결정에도 시간적 선행이 있는지 살폈다. 우리는 피험자에게 두 가지 단추가 아니라 두 가지 사고 활동, 더 정확히 말하면 두 가지 계산 문제 중에서 하나를 결정하라고 청했다. 의도를 조사할 때 이미 이 방식을 썼었다. 피험자는 모니터에 등장한 두 숫자를 더할지 뺄지 결정해야 했다. 그 외에는 이전 실험과 거의 유사했다.

결과는 리벳 실험을 발전시킨 우리의 첫 번째 실험 결과와 같았다. 피험자가 자신의 결정을 의식하기 약 4초 전에, 결정한 계산법이 뇌에서 진행되었다. 그러므로 동작뿐 아니라 복잡한 결정에도 준비 신호가 있음이 확실해졌다.

물론, 덧셈과 뺄셈 중에서 하나를 선택하는 일은 실생활의 진짜 결정과 비교하면 여전히 매우 단순하다. 게다가 주로 철학자들이 제기했던 리벳 실험에 대한 비판이 여기에도 적용된다. 기본적으로 의미도 없고 결과도 없는 사소한 선택만 다루는 이 실험이 과연 인간의 자유의지와 관련이 있을까? 선택의 근거가 충분한 결정을 다룬다면, 어쩌면 완전히 다른 결과가 나오지 않을까? 예를 들어, 어떤 음악을 들을지, 어떤 정당에 투표할지, 더 나아가 어떤 파트너를 선택할지 결정하는 일이라면, 근거와 동기와 취향이, 왼쪽 혹은 오른쪽 단추를 결정할 때보다 훨씬 더 큰 영향력을 가진다.

인생의 중대한 결정을 스캐너 안에서 조사하기란 당연히 어렵다. 졸업생이 직업 선택을 두고 고민할 때 뇌에서 무슨 일이 벌어지는지 조사하고자 한다고 가정해보자. 직업 선택은 여러 달에 걸쳐 이어질 수 있는 자발적 결정이다. 그러므로 결정의 순간에 우연히 실험실 스캐너 안에 누워 있을 확률은 매우 낮다. 또한, 다양한 결정 때 뇌 활성이 어떤 모습인지를 컴퓨터가 먼저 학습해야 하는데, 그런 결정은 살면서 기본적으로 한 번 혹은 아주 드물게 하므로, 학습할 데이터가 충분하지 않다.

리벳 실험 때보다 피험자에게 더 중대하면서 덜 복잡한 상황도 당연히 있다. 그것은 '가치 기반의 결정' 분야에서 연구된다. 이 분야는 최근에 연구 활동이 활발해졌다. 이에 관해서는 16장 신경 마케팅에서 다룰 예정인데, 소비자가 어떤 자동차를 사기로 결정할지를, 뇌 활성에서 1시간 이상 전에 미리 알 수 있다.

그러나 이것은 전혀 다른 중요한 질문을 제기한다. 선택의 근거가 타당한 어떤 결정이, 일부 유연한 철학자들이 기꺼이 주장하듯이, 정말로 자유로운 결정일까?[10] 나는 이에 관하여, 진짜 자유로운 결정은 근거와 동기를 기반으로 한다고 주장하는 철학자 미하엘 파우엔과 여러 차례 토론했다. 나는 그의 견해를 충분히 이해할 수 있었지만, 그런 결정이 정말로 자유롭게 느껴질지에 대해서는 여전히 회의적이었다. 결국, 우리는 설문 조사를 해보기로 합의했다. 우리는 보통 사람들에게 물었다. 어떤 결정이 특히 자유로운 결정일까? 다시 놀라운 결과가 나왔다. 대다수가 리벳 실험의 단순한 결정을 특히 자유로운 결정이라 여겼다.

설문 응답자는 두 가지 상황을 평가해야 했다(〈그림 29〉). 다음은 첫 번째 상황이다.

당신은 단추 두 개를 받고 그중 하나를 눌러야 합니다. 만약 당신이 왼쪽 단추를 누르면 아무 일도 일어나지 않고, 오른쪽 단추를 눌러도 역시 아무 일이 일어나지 않습니다. 당신은 이런 결정을 자유롭다고 느낄 것 같습니까?

두 번째 상황도 유사하지만 한 가지 결정적 차이가 있었다.

당신은 단추 두 개를 받고 그중 하나를 눌러야 합니다. 만약 당신이 왼쪽 단추를 누르면 아무 일도 일어나지 않고, 오른쪽 단추를 누르면 100만 유로를 받습니다. 당신은 이런 결정을 자유롭다고 느낄 것 같습니까?

당신이라면 어떨 것 같은가? 우리의 대다수 응답자는 첫 번째 결정을 자유롭다고 평가했다. 두 번째 상황에서는 자유롭다고 느

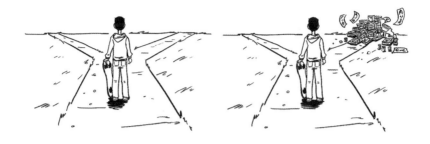

〈그림 29〉

왼쪽: 당신이 갈림길에 섰고, 특별한 선호도 없이 왼쪽 혹은 오른쪽 길을 선택할 수 있다고 가정하자. 결정의 근거가 없고 맘 내키는 대로 골라도 될 때 자유롭다고 느끼는가? 이것을 '무차별성의 자유(Freedom of indifference)'라고도 부른다.

오른쪽: 이제 오른쪽 길에 100만 유로가 있다. 오른쪽 길을 선택할 강한 근거가 생겼다. 이 결정에서 당신은 정말로 자유롭다고 느끼는가?

끼지 않는데, 그들은 100만 유로를 '선택해야만 할 것 같은', 그리고 타당하게 행동해야 한다는 저항할 수 없는 내적 강박을 느꼈다.[11] 역설적이게도, 결정의 근거가 확실하면 오히려 그것을 자유의 제한으로 느꼈다.

인과관계의 터널

이제 전혀 다른 질문이 하나 더 제기된다. 앞으로 있을 결정이 뇌 활성에서 미리 예언될 수 있다면, 피험자는 예언과 일치하는 행동을 할 수밖에 없다는 뜻일까? 앞선 뇌 신호가 피험자에게 어떻게 행동해야 할지 지시할까? 이제 이것을 자세히 살펴봐야 할 때가 되었다.

비록 실험에서 결정을 어느 정도 예언할 수 있었지만, 적중률이 약 60퍼센트에 불과했다. 그러므로 그저 우연한 적중에 불과할까? 동전 하나를 열 번 던져서 여섯 번, 그러니까 60퍼센트 확률로 그림이 나왔다면, 그것은 그다지 인상적인 결과가 아닐 터다. 그러나 우리의 실험은 약간 다른데, 한 번이 아니라 수백 번 진행되었기 때문이다. 동전을 100번 던져서 60번이 그림이고, 1,000번을 던져서 600번이 그림이라면, 더는 우연한 결과로 취급할 수 없다. 그럼에도 우리의 실험은 완벽한 예언과 거리가 멀다. 그렇다면 나머지 30~40퍼센트에 혹시 자유의지가 숨어 있을까?

이런 부정확함의 원인은 어쩌면 측정 장치의 제한된 해상도 때문일 수 있다. 만약 fMRI 신호가 신경세포 활성의 간접적 척도에 불과하다면, 해당 영역의 모든 신경세포를 직접 측정할 수만 있다면, 결정 예언을 훨씬 더 잘할 수 있으리라.[12] 그러나 뇌의 신경세포를 얼마나 정확히 측정하느냐와 상관없이, 예언 가능성이 원칙적으로 제한될 수도 있다. 어쩌면 앞선 신호는 그저 결정의 결과를 약간 일찍 예고하지만, 아직 최종 결정은 내리지 않은, '슬쩍 밀어주기'일 수 있다. 이 해석은 노벨상 수상자 리처드 탈러Richard Thaler의 '넛지' 이론과 유사하다. 넛지 이론에 따르면, 외부 세계의 작은 변화가 벌써 긍정적 결정에 영향을 미칠 수 있다. 예를 들어, 눈에 띄지 않게 더 작은 접시에 음식을 담으면, 사람들은 덜 먹는다. 큰 접시에서 작은 접시로 바꾸는 이 작은 변화가, 원하는 방향으로 행동을 유도할 수 있는 것이다.

이제 다시 2001년 9월 11일의 테러리스트로 돌아가보자. 뇌 신호에서 정말로 여객기 납치 계획을 알아냈다고 가정해보자. 그러면 이 테러리스트가 1시간 뒤에 납치 계획을 실제로 실행할 것이라 단정해도 될까? 공상과학 영화 〈마이너리티 리포트Minority Report〉에 그 사례가 나온다. 이 영화는 미래를 보여주는데, 예언 능력이 있는 이른바 프리코그Precog(예지자)가 앞으로 일어날 일, 특히 누군가 저지를 범죄를 꿈으로 본다. 톰 크루즈가 연기한 주인공 존 앤더튼은 경찰관으로, 예언된 범죄가 실행되기 직전에 개입하여 범행을 막는다. 가령, 남편이 침대에 누운 아내와 아내의 애인을 발견하고 격분하여 그들을 죽이는 장면을 프리코그가 미리 본다. 남편이 가위를 가져와 아내를 찌르기 직전에 경찰관이 개입한다. 남편은 체포되고, '미래범죄 전담부서'는 미래에 아내를 살해한 혐의로 남편을 기소한다.

그러나 만약 남편이 마지막 순간에 결정을 바꿨다면 어떻게 될까? 가위를 치켜들었던 손을 내리고 행동을 중단했다면? 실행 직전에 그런 일이 과연 가능할까? 여기서 정확성이 중대한 역할을 한다. 행동을 정말로 100퍼센트 예언할 수 있다면, 잠재적 희생자를 보호하기 위한 이런 개입은 분명 타당할 것이다. 그러나 예언의 정확성이 단지 90퍼센트라면(혹은 더 낮다면) 어떻게 될까? 개인의 자유권 침해가 여전히 정당화될까? 그리고 소위 저지를 것이라 예언되었지만 결국 저지르지 않은 행위 때문에 누군가를 과연 미리 처벌할 수 있을까? 예언되었지만, 의지가 작용하지 않은 어떤 일에 책임을 물어도 될까? 이것에 대해 19장에서 다시 다룰 예정이다.

여기에서 핵심 질문이 생긴다. 결정을 미리 예언할 수 있더라도, 그 결정이 마지막 순간에 역시 중단될 수는 없을까? 안나라는 어떤 여자가 밤에 항상 특정 시간에 침대맡의 스탠드 조명을 켜고 침대에 누웠다가 잠이 드는 원인을 밝혀내고자 한다고 가정해 보자. 우선 안나를 관찰한다. 안나는 매일 저녁 늦게 침대에 누워 1시간 동안 책을 읽는다. 그래서 스탠드 조명을 켜야만 한다. 우리는 인과관계에 필요한 모든 재료를 가졌다. 스탠드 조명이 켜지면, 안나는 1시간 뒤에 잠이 든다. 불이 켜지지 않으면, 안나는 거기에 없고, 침대에서 잠들지 않는다. 그러므로 우리는 거의 완벽하게 예언할 수 있을 것 같다. 그럼에도 스탠드 조명을 켜는 것이 침대에 누워 잠이 드는 원인은 아니다. 안나는 조명 없이, 독서 없이도 잠들 수 있다. 그러므로 인과관계를 명확히 하려면, 보통의 과정을 살필 뿐 아니라, 사건들 사이의 연관성도 따져봐야 한다. 그래야 원인과 결과 사이의 필수적으로 보이는 연관성을 깰 수 있는지 점검할 수 있다. 예를 들어, 안나에게 불을 켜지 않고 곧장 잠을 자달라고 부탁하면 스탠드 조명과 잠이 드는 것 사이의 연관성이 깨질 수 있다.

뇌에서도 비슷한 질문을 할 수 있다. 준비잠재성의 뇌 신호가 나타나고, 그 직후에 결정이 내려진다. 이 연관성이 정말로 필수적인지, 그저 그렇게 보일 뿐인지 어떻게 점검할 수 있을까? 앞선 뇌 신호와 후속 결정 사이의 인과관계 사슬을 끊을 수는 없을지 점검하려면 어떤 실험을 해볼 수 있을까? 첫 번째 조각이 쓰러지자마자 모든 조각이 연달아 쓰러지게 세워진 도미노를 상상해보라. 첫 번째 조각은 앞선 뇌 신호일 것이고, 나머지 도미노 조각은 행동에 이르기까지 인과관계 사슬의 개별 단계를 대변한다. 핵심 질문은 이렇다. 일단 한 조각이 쓰러지면 어쩔 수 없이 모든 도미노 조각이 쓰러질까, 아니면 이 과정을 멈출 수 있을까? 도미노의 경우, 예를 들어 가운데 조각을 하나 치우면 연쇄 작용이 중단될 수 있다. 이것을 확인할 수 있도록 설정된 실험은 어떤 모습일까?

일단 시작되면 더는 영향을 미칠 수 없는 과정을, '던지다, 내던지다, 쏘다'를 뜻하는 그리스어 'bállein'에서 유래한 영어 단어인 '발리스틱Ballistic'이라고 부른다. 가령, 화살이나 포탄이 일단 발사되었으면, 비행 궤도에 더는 영향을 미칠 수 없다. 과녁을 향해 활을 쏘았다면, 누군가 갑자기 과녁 쪽으로 다가가더라도, 화살을 멈출 방법은 없다. 화살은 통제권 밖에 있다. 이것을 인과관계의 터널이라 부른다. 일단 진행이 시작되면, 중지시킬 가능성은 없다. 비행 중에 궤도를 조정할 수 있고 그래서 목표 지점에 더 확실하게 도달할 수 있는 유도탄은 이것과 대조된다. 그런 종류의 발사라면, 발사 후라도 언제든지 목표 지점에 떨어지는 것을 막을 수 있다.

〈마이너리티 리포트〉에 나오는 복수심에 불타는 남편의 사례로 돌아가보자. 살인 결정은 발사된 화살처럼 발리스틱일까? 그 행동은 일단 시작되면 더는 멈출 수 없을까? 아니면 유도탄처럼 언제든지 비행 궤도를 조정할 수 있을까? 실제로 뇌의 몇몇 과정은 발리스틱 특징이 있다. 손님이 가득한 식당에서 맞은편에 앉은 사람을 집중해서 본다고 가정해보자. 이때 갑자기 오랜 친구가 당신에게 다가오고, 당신은 맞은편 사람에게서 시선을 거두고 친구를 본다. 시선이 시야의 한 곳에서 다른 곳으로 이동하면, 눈의 움직임은 발리스틱이다. 눈의 움직임이 일단 시작되면, 더는 수정할 수 없다.

앞선 뇌 활성이 후속 결정을 최종적이고 되돌릴 수 없이 확정할까? 아니면 피험자가 인과관계의 터널에서 빠져나올 수 있을까? 마티아스 슐츠크라프트Matthias Schultze-Kraft와 다니엘 비르만 Daniel Birman과 함께 나는 베른슈타인 센터에서, 일단 시작한 행동을 중단할 수 있는지, 만약 중단할 수 있다면 어느 시점까지 행동 통제력이 있는지 점검하는 실험을 진행했다.[13] 우리는 '두뇌 결투'라고 이름 붙인 컴퓨터 게임을 피험자에게 시켰다. 기묘하게도 자유의지의 문제가 하필이면 인간과 기계의 결투로 조사되었다. 기본 질문은 이랬다. 인간은 준비잠재성이 뇌에서 이미 활성화된 뒤에 자신의 행동을 중단할 수 있을까? 도미노 비유로 말하면, 첫 번째 조각이 쓰러지자마자 정말로 모든 조각이 쓰러질 수밖에 없을까? 한마디로 인간의 행동은 발리스틱 과정일까? 아니면 개입하여 이 과정을 중지시킬 수 있을까?

이미 준비가 완료된 행동을 피험자에게 중단하라고 요구하려면, 언제 정확히 뇌에서 무의식적 선행자가 활동을 시작했는지 알아야 한다. 그런 실시간 실험에서는, 실제로 결정을 내리려는 순간에 피험자의 뇌 데이터를 순식간에 읽어내야 한다. 여기서 측정 장치와 분석 컴퓨터가 기술적 한계에 부딪힌다.

우리의 실험은 전설의 서부극에 나오는 결투와 약간 닮았다. 카우보이들의 목표는 상대의 총알이 나를 맞히기 전에 총을 쏘는 것이다. 카우보이들은 현행법상 상대를 그냥 총으로 쏴서 죽여선 안 되기 때문에, 상대가 총을 쏘게 만든 다음 자신의 총을 꺼내 어느 정도 정당방위로 총을 쏘려 했다. 그러므로 자신은 가능한 한 예측 불가인 상태로 머물러야 했고, 동시에 상대의 행동을 미리 알려고 애썼다. 우리는 피험자에게 비슷한 방식을 요구했다. 당연히 다치거나 죽을 위험은 없었다. 피험자는 의자에 앉아 붉은색 혹은 녹색 불을 보았다. 녹색 불일 때 발로 스위치를 밟는데 성공하면 피험자가 점수를 딴다. 불이 이미 다시 붉은색으로 바뀌었는데 스위치를 밟았으면, 컴퓨터가 점수를 딴다.

보통 상황에서는 어려울 것이 없는 과제였다. 그러나 우리는 트릭을 썼다. 피험자의 뇌에서 내려지는 동작 결정을 EEG로 실시간으로 기록했고, 결정이 내려지자마자 붉은색 불로 바뀌었다. 그러니까 피험자가 페달을 밟으려는 바로 그 순간에 불이 갑자기 녹색에서 붉은색으로 바뀌었다. 이미 시작된 행동을 피험자가 중단할 수 있을까? 결과는 매혹적이었다. 비록 컴퓨터가 여러 대결에서 점수를 땄지만, 피험자 역시 뒤지지 않고, 뇌에서 이미 준비를 마친 행동을 중단하고 결정을 바꾸는 데 성공했다.

이 실험으로, 준비잠재성이 시작한 인과관계 사슬을 끊을 수 있음이 증명되었다. 즉, 준비잠재성과 실행 사이에는 엄격한 인과관계가 없다. 준비잠재성이 나타날 때마다 그것과 일치하는 행동이 항상 실행되는 것은 아니기 때문이다. 은유적으로 말하면, 연달아 쓰러지는 도미노의 연쇄 작용은 조각 하나를 제거하여 멈출 수 있고, 페달을 밟는 직접적 실행을 알리는 신호가 이미 출발한 뒤에도 행동을 멈출 수 있다. 그러므로 결론적으로 의식은 결정을 바꿀 수 있고, 유도된 행동을 특정 조건 아래에서 중단할 수 있다. 고전적인 리벳 실험은 자유의지 주제에서 중대성을 상실했다. 그의 실험은, 앞선 뇌 과정에 의해 인과적으로 돌이킬 수 없는 최종 결정이 내려진다는 증거가 아니기 때문이다.

그렇다고 우리의 실험이 뇌 과정의 인과성을 의심하는 데 적합한 것은 절대 아니다. 그저 의식적 결정이 특정 인과관계 사슬을 끊을 수 있음을 증명했을 뿐이다. 이런 '거부권 행사'가 자연의 법칙을 넘어서는 일은 없다. 행동 과정이 중단되는 이유는 다른 뇌 과정이 그것을 넘겨받기 때문이다. 추격 상황으로 상상하면 이해가 쉽다. 불이 붉은색으로 바뀔 때, 페달을 밟으려는 뇌 과정은 이미 출발했다. 이제 발의 움직임을 중단시킬 다른 뇌 과정이 출발한다. 두 번째 신경세포 활성이 첫 번째 활성을 뒤쫓으며 따라잡으려 애쓴다. 따라잡는 데 성공하면 피험자는 행동을 멈추고, 실패하면 피험자는 붉은색임에도 페달을 밟게 된다. 실행 전 약 200밀리초부터 '돌이킬 수 없는 순간Point of no Return'이다 (19장 참조). 첫 번째 뇌 과정이 이 시점까지 붙잡히지 않으면, 이미 시작된 행동을 중단할 기회는 없다.

〈마이너리티 리포트〉의 경우를 가지고 이야기한다면, 단지 범행을 저지를 명확한 의도가 있었고 실행 직전에 체포되었다는 이유로 남편을 살인 혐의로 기소하는 것은 정당하지 않다. 어쩌면 그도 마지막 순간에 결정을 바꿨을지 모른다. 그럼에도 안전을 위해 그를 체포하는 것은, 분명 좋은 생각이었다.

15장

뇌가 거짓말을 한다![1]

어쩌면 먼 미래에는 정말로 뇌 활성 패턴을 읽어 범행 계획을 미리 알아내 범죄를 막을 수 있을지도 모른다. 앞에서 보았듯이, 현재 이 분야는 아직 기초연구 단계에 머물러 있다. 그러나 브레인 리딩의 다른 분야는 커다란 진보를 이루어 현재 서비스를 제공하는 회사도 있다. 적정 금액을 내면, 무죄 입증을 위해 뇌 스캐너로 거짓말탐지 테스트를 받을 수 있다. 브레인 리딩은 또한 소비자에게 거부할 수 없는 구매 충동을 일으키도록 제품을 최적화하는 데 이용된다. 생각으로 컴퓨터를 조종하는 기술을 개발하는 기업도 있다. 오늘날 이미 그런 기기를 구매하여 가정용 게임 콘솔에 연결하는 것이 가능하다. 그러나 이런 제품들이 정말로 약속을 지킬까?

   기본적으로 사고 세계는 사적인 영역이고 아무도 다른 사람의 생각을 알 수 없다. 우리는 어떤 생각을 드러내고 어떤 생각을 (기꺼이) 감출지 혼자 결정한다. 이것이 거짓말의 중요한 토대다. 거짓말을 할 때, 우리는 진짜 생각을 감추고, 더 나아가 가짜 생각을 일부러 상대에게 드러낸다.

   거짓말 능력이 인간에게만 있는 것은 아니다. 몇몇 동물도 혹독한 생존 전투에서 거짓말과 비슷한 행동 방식을 보인다. 피식자는 잡아먹히지 않기 위해 죽은 척한다. 나비는 날개에 커다란 눈 문양을 가장하여 안전을 도모한다. 식충식물은 이슬처럼 보이는 물방울로 곤충을 유인하고 이를 진짜 이슬로 착각한 곤충은 끈적거리는 운명의 덫에 걸리고 만다.

   인간은 기본적으로 거짓말에 두 가지 상반된 태도를 보인다. 한편으로는 배우자, 친구, 정치인의 거짓말을 비난받아 마땅한 일로 여기고, 심지어 거짓말이 사회 평화를 위협할 수 있다고 믿는다. 다른 한편으로는 거짓말이 윤리적으로 옳아 보이는 여러 상황에 놓이기도 한다. 예를 들어, 여자 친구가 새 원피스를 입고 어때 보이냐고 물을 경우, (필요하다면) 여자 친구의 기분을 상하게 하지 않기 위해 임기응변의 거짓말로 새 원피스를 칭찬한다. 커뮤니케이션 이론가이자 심리치료사인 파울 바츨라빅Paul Watzlawick은 《불행해지는 법Anleitung zum Unglücklichsein》이라는 인상 깊은 제목의 책에서 한 젊은 신혼부부에 대해 말한다. 신혼여행

후 일상이 시작되었고, 아내는 남편을 위해 아침에 콘플레이크를 준비했다. 남편은 콘플레이크를 싫어했지만, 아내의 마음을 다치게 하고 싶지 않아 억지로 미소를 지으며 먹었다. 다음 날 아침에 남편은 아내에게 콘플레이크를 싫어한다고 고백하려 했지만, 이미 식탁에는 아내가 사랑을 담아 준비한 콘플레이크가 놓여 있었다. 남편은 이미 산 콘플레이크를 다 먹으면 그때 진실을 말하리라 결심했다. 그러나 아내는 콘플레이크가 떨어지기 일주일 전에 한 통을 새로 또 샀다. 이것까지 다 먹었을 때는 이미 아내에게 진실을 털어놓기에 너무 늦었다. 콘플레이크를 사실은 싫어한다고 말하면, 아내는 모멸감을 느낄 테고, 왜 곧바로 말하지 않고 그동안 속였냐고 당연히 따질 것이기 때문이다. 결국, 남편은 결혼 생활 내내 아침으로 싫어하는 콘플레이크를 먹었다. 이 이야기는 사소한 선의의 거짓말조차 얼마나 나쁜 결과를 낳을 수 있는지 보여준다. 남편은 진실을 말하는 것이 더 나았다.

단순히 진실을 말하지 않는 것과 거짓말을 하는 것은 엄연히 다르다. 예를 들어 아이러니는 실제와 반대되는 주장으로 표현의 효과를 높인다. 그러나 진실이 아닌 것을 주장했다고 하여 거짓말쟁이로 불리는 일은 없다. 거짓말이 되려면, 고의까지는 아니더라도 어쨌든 속이려는 의식적 의도가 들어 있어야 한다. 그러나 이런 개념 정의 역시 완전해 보이진 않는다. 이 정의대로라면, 바츨라빅의 이야기에서 남편은 콘플레이크를 싫어한다는 진실을 의식적으로 아내에게 말하지 않았으므로 그도 거짓말쟁이가 될 것이기 때문이다. 여기에 거짓말을 결정짓는 중요한 요소가 하나 빠졌다. 거짓말이 자신의 이익과 연결되었을 때 비로소 도덕적으로 비난할 만한 거짓말이 된다. 그러므로 이 경우 남편은 절대 거짓말쟁이가 아니고, 사회적으로 빈번한 임기응변식 거짓말 역시 도덕적으로 비난할 만한 거짓말로 분류하지 않아도 된다.

영어권에서는 'white lies(하얀 거짓말)'와 'black lies(검은 거짓말)'를 구별한다. 하얀 거짓말은 상대를 보호하기 위해 하고, 검은 거짓말은 상대를 속여 자신의 이익을 챙기기 위해 한다. 영화 〈굿바이 레닌Good Bye, Lenin〉에서, 동독 청소년 알렉산더는 불치병에 걸린 어머니를 위해 가짜 세계를 지어낸다. 그는 어머니를 보호하기 위해, 1989년의 변화와 동독의 종말을 비밀에 부친다. 이런 거짓말을 도덕적으로 문제가 있다고 보는 사람은 없을 것이다. 오히려 깊은 사랑의 증거로 여길 터다. 우리는 이런 '착한 거짓말'에 눈을 흘기지 않는다. 오히려 다른 사람의 감정을 다치게 하는 진실이 훨씬 더 나쁘다고 여긴다.

이런 맥락에서 보면, 거짓말을 완전히 없애려는 모든 운동이 매우 급진적으로 보일 수 있다. 실제로 이것은 '급진적 정직성Radical honesty'[2]이라 불린다. 급진적 정직성의 최고 목표는 항상 진실을 말하는 것이고, 이때 다른 사람의 감정은 배려되지 않는다.

사소한 하얀 거짓말로 다른 사람을 보호해선 안 되는 세상은 언뜻 생각해도 확실히 끔찍할 것 같다. 그러나 브레인 리딩이 모든 생각을 투명하게 드러내는 날이 온다면, 어떻게 될까? 그러면 크고 작은 거짓말은 사라질 것이다. 사적인 생각이 드러나지 않을 때라야 거짓말이 통한다는 것이, 거짓말의 본질이기 때문이다. 뇌 활성을 통해 거짓말을 알아내는 기계가 있으면, 우리의 일상은 어떻게 달라질까? 거짓을 말하는 즉시 이마에서 빨간불이 켜진다면? "원피스가 정말 예쁘다!"라고 말하는 순간, 반짝반짝 빨간불이 켜지고 하얀 거짓말이 폭로된다. 완벽한 거짓말탐지기는 법정의 장면도 바꿀 것이다. 인간은 자신이 언제 속는지 잘 모른다. 애석하게도 심리학자, 경찰, 판사 같은 프로들도 마찬가지다. 그러나 완벽한 거짓말탐지기가 있으면, 법정에서 정의가 승리하는 데 아무 문제가 없을 것이다.

인류 역사는 '검은 거짓말'을 밝혀내기 위해 적지 않은 수고를 했다. 최초의 거짓말탐지기는 고대 중국에서 발견된다. 고대 중국에서는 용의자를 신문할 때, 혀 밑에 쌀을 넣고, 쌀이 젖지 않으면 용의자의 진술을 거짓말로 보았다. 당시의 '이론'에 따르면, 거짓말을 하면 입안이 마르기 때문이다.

20세기에 마침내 거짓말탐지기와 과학이 연결되었다. 정신분석학자 융의 제안으로, 다양한 신체 활동을 측정할 수 있고 그것의 변화에서 내적 흥분 정도를 알아낼 수 있는 기기가 개발되었다. 호흡, 맥박, 피부 전도율을 동시에 보여주어, 이 기기는 '폴리그래프Polygraf(다작 작가)'라는 이름을 얻었다. 모든 수치를 합하면, 이른바 긴장 지수가 탄생한다. 충분히 타당한 지수인데, 긴장하면 호흡과 심장박동이 빨라지고, 땀을 흘리면 피부 전도율이 감

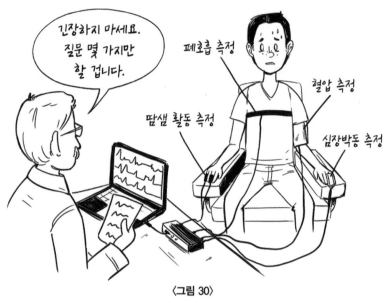

〈그림 30〉

폴리그래프는 여러 신체 기능을 측정하여 흥분 정도를 알려준다. 주로 땀샘 활동을 기반으로 피부 전도율을 측정하고 혈압과 호흡, 심장박동을 잰다.

소하기 때문이다.

　나는 아들을 위해 종종 둘러보던 백화점 장난감 코너에서 거짓말탐지기를 발견했고, 그것을 샀다. 얼마 후 베른슈타인 센터 동료들이 집에 놀러왔고, 나는 장난감 거짓말탐지기를 꺼내왔다. 모두가 이 장난감 거짓말탐지기를 시험해보고 싶어 했다. 테스트 방법은 간단하다. 오른손 손가락 두 개를 호스에 끼우기만 해도 벌써 소리가 난다. (예를 들어, 땀이 나서) 피부 전도율이 낮을수록 소리가 크게 울린다. 우리는 이 거짓말탐지기를 한참 동안 가지고 놀았는데, 장난감치고는 놀라울 정도로 잘 작동하는 것 같았다. 질문 내용이 약간 창피한 주제일수록("오늘 새 양말로 갈아 신었어?") 소리가 커졌다. 당사자가 들켰다고 느끼면 소리는 더욱 커졌다.

이런 사소한 장난감이 벌써 거짓말탐지기의 윤리적 차원을 우리 눈앞에 가져왔다. 금세 권력 불균형이 형성되었기 때문이다. 생각의 비밀 창고가 단순히 공개되는 것처럼 보여도, 테스트를 받는 당사자가 무방비 상태로 창피를 당할 위험이 언제나 도사리고 있었다. 이것이 명확해졌을 때, 몇몇 동료의 반대에도 불구하고 나는 이 놀이를 즉시 끝냈다.

흥분 정도는 분명 사람마다 그리고 상황에 따라 다르다. 그러므로 범죄 수사에서 거짓말탐지기를 전문적으로 활용하려면, 흥분 강도가 어느 정도여야 거짓말로 판단할 수 있는지 기준이 필요하다. 그래서 테스트 때 사용할 세 종류의 질문을 만들었다. 하나는 쉽게 대답할 수 있는 무난한 질문이다. "오늘 날씨가 맑은가요?" 그다음은 이른바 통제 질문으로, 마음에 부담을 주고 대답하기가 약간 까다롭되 범행과는 무관한 질문이다. "음주 운전을 했던 적이 있습니까?" 세 번째 질문은 범행과 직접 관련이 있다. "살인을 저질렀습니까?" 이 질문에 폴리그래프의 긴장 지수가 앞선 통제 질문 때보다 더 높으면, 용의자의 진술을 거짓말로 본다.

그러나 이 결과를 근거로 누군가에게 유죄 판결을 내려도 될까? 그러려면 거짓말탐지기의 적중률이 100퍼센트여야 하는데,

현실은 그렇지 않다. 적절한 속임수로 폴리그래프를 속일 수 있기 때문이다. 범인은 종종 어떤 질문이 중요하고 어떤 질문이 그렇지 않은지 알고 있다. 그래서 범인이 무난한 질문에 일부러 흥분하여 긴장 지수를 높이는 데 성공하면, 범행과 관련된 질문을 받았을 때의 긴장 지수와 거의 차이가 없는 결과가 나올 것이다. 혹시라도 당신이 거짓말탐지기 테스트를 받게 될 때를 대비하여 팁을 하나 주겠다. 발톱으로 기둥을 움켜잡고 있는 새처럼 발가락에 힘을 주면 긴장 지수를 올릴 수 있다.

일부러 속이지 않더라도 거짓말탐지기가 틀릴 수 있다. 용의자가 사실은 범인이 아니라고 가정해보자. 거짓말탐지기 테스트 때 용의자는 어떤 질문이 중요한지 안다. 범행과 관련된 질문을 받았을 때 긴장 지수가 올라가는 것은 너무나 당연한 일 아닌가? 상황에 따라 수년의 징역형이 선고될 수 있으니 말이다. 긴장을 억제하려는 시도가 오히려 정반대 결과를 불러올 수도 있다. 법원이 거짓말탐지기의 이런 결과에 의존한다면, 재판의 심각한 오류는 예정된 일일 것이다.

이를 방지하기 위해, 이른바 '범행 지식'으로 범인을 밝혀내고자 한다. 범인만이 범행의 특정 세부 내용을 알고, 그것을 언급할 때 긴장하기 때문이다. 범행에 사용한 칼의 손잡이가 녹색이고, 수사 기관은 전략적으로 이 세부 내용을 비밀로 유지했다고 가정해보자. 거짓말탐지기 테스트 때 이 녹색 칼을 보면, 범인은 그것을 알아보고 긴장 반응을 보인다. 반면 무고한 용의자는 녹색 칼이든, 파란색 혹은 빨간색 혹은 노란색 칼이든 반응에 큰 차이가 없을 것이다.

꽤 설득력 있게 들리지만, 여기에도 한계가 있다. (사이코패스라 불리는) 반사회적 인격장애를 앓는 사람은 대개 감정 기복이 없다. 이들의 감정은 다른 보통의 사람처럼 그렇게 강하게 반응하지 않는다. 거짓말탐지기로는 이런 부류의 범인을 거의 밝혀낼 수 없다.

신체적 흥분을 기준으로 삼는 것에도 함정이 있다. 그래서 법원은 이런 간접적 절차를 범인 입증 수단으로 인정하지 않는다. 독일에서 거짓말탐지기는 형사소송은 물론이고 수사 단계에서도 허용되지 않는다. 그러나 몇몇 소수의 사례에서 피고인이 혐의를 벗기 위해 거짓말탐지기 테스트를 신청할 수 있다.

폴리그래프는 긴장할 때 나타나는 신체 반응을 측정하기 때문에 오류가 많다. 그렇다면 거짓말을 만드는 곳, 그러니까 뇌를 직접 살피면 되지 않을까? 적어도 원리상으로는 거짓말과 동행하는 사고 과정이 뇌 활성에서 드러날 수밖에 없다. 거짓말을 하려면, 적어도 두 가지 상호보완적 선행 과정이 필요하다. 하나는 진실 억제이고 또 하나는 유사 진실의 발명이다. 이런 과정을 뇌 활성 패턴에서 읽을 수 있을 것이다.

특정 뇌종양, 예를 들어 편도체에 종양이 있는 환자들은 거짓말을 못 한다. 말하자면, 뇌 손상이 우리의 거짓말 능력을 퇴화시킬 수 있다. 반대로 건강한 피험자의 뇌(전전두피질)를 자극하여

〈그림 31〉

거짓말/진실의 뇌 활성 패턴. 피험자는 카드를 보고 거짓말 혹은 진실을 말해야 한다. 피험자가 거짓말을 하면 뇌 스캔 시 특별한 뇌 활성 패턴이 나타난다.

거짓말 능력을 높일 수 있다는 증거도 있다. 두 경우는 거짓말의 뇌 메커니즘을 명확히 보여준다.

펜실베이니아대학의 다니엘 랑레벤Daniel Langleben과 크리스토스 다바치코스Christos Davatzikos를 중심으로 한 연구팀은 브레인 리딩을 이용한 거짓말 연구의 첫걸음을 뗐다.[3] 연구팀은 피험자에게 카드를 보여주었다. 이때 피험자는 특정 카드를 보았을 때 거짓말을 해야 했다. 예를 들어, 클로버 5이면, 이 카드를 방금 봤느냐는 물음에 피험자는 무조건 아니라고 대답해야 하고, 스페이드 7이면, 진실이든 아니든 상관없이 질문에 무조건 '예'라고 답해야 했다. 이때 연구팀은 MRI로 신경 활성을 측정하여, 피험자가 거짓말 혹은 진실을 말했을 때의 활성 패턴을 컴퓨터에게 학습시켰다.

이 실험의 적중률은 99퍼센트로 대단히 높았다. 그러나 이것은 기초연구에 불과했다. 다바치코스와 랑레벤 연구팀은 이 실험으로, 뇌 활성에서 거짓말을 알아내는 것이 원칙적으로 가능함을 증명할 수 있었지만, 실험실에서 조사한 거짓말의 종류와 방식은 실제 상황과 거의 혹은 전혀 관련이 없다. 실험실에서 얻은 피험자의 결과를 범인의 결과와 비교할 수는 없다. 피험자는 거짓말을 들키지 않으면 20달러를 얻을 수 있고, 들키더라도 잃을 것이 전혀 없었다. 반면에 실제 수사 과정에서는 확실히 잃을 것이 많다. 어쩌면 수년의 징역형을 받을 수 있다. 실험실에서는 당연히, 심각한 범행을 저질렀고 올가미가 목을 조여오고 있을 때보다 감정 동요가 확실히 낮다. 그러므로 이 실험은 첫걸음일 뿐이고, 이런 절차가 안정적으로 상용되기까지는 아직 갈 길이 멀다.

기초연구 단계에서 상용 단계로 넘어가는 데 필요한 것은 실제 데이터다. 중범죄 혐의로 조사를 받고, 아직 최종 판결이 내려지지 않았으며, 재판의 향방이 아직 미지수인 상황에서, 범행과 관련된 다양한 중대 질문 때 드러나는 뇌 활성 패턴을 확인할 수 있어야 한다. 재판이 끝나고 피고의 유죄 혹은 무죄가 명확히 밝혀지면, 뇌 활성 기반의 거짓말탐지기를 위한 이상적인 학습 데이터가 마련된다. 그러면 백인의 고학력자인 이른바 'weird people'을 대상으로 하는 실험실 연구보다, 통계적으로 규범에서 벗어난 행동 성향을 훨씬 더 대표하는 정확히 그 부류의 사람을 조사하게 되므로, 대표성을 띠는 실제 데이터로 작업할 수 있을 것이다. 'weird people'의 압도적 대다수는 학력, 사회계층, 준법정신에서 실제 범죄자들과 명확히 구별될 것이다. 미국에서는 피부색 하나만으로도 눈에 띄는 차이가 있다. 흑인 10만 명당 1,500명이 교도소에 있는 반면, 백인은 10만 명당 약 270명에 불과하다. 이때 흑인의 범죄가 더 많이 기소되고 더 가혹하게 처벌된다는 사실이 중요한 역할을 한다. 그러므로 피부색을 기반으로 어떤 사람이 범죄를 저지를지 예언하도록 컴퓨터를 학습시킨다면, 컴퓨터는 부당하게도 흑인의 확률을 더 높게 가늠할 것이다. 이 사례에서 보듯이, 예측이 정말로 공정하게 이루어지는지 매우 주의해야 한다.

신경세포의 활성 패턴을 기반으로 하는 거짓말탐지기의 기초를 마련하려면, 현재의 연구 방식을 바꿔야만 한다. 여느 과학 연구처럼, 실제 상황을 실험실 조건에 잘 맞게 옮겨오는 것이 아니라, 수사와 범죄자가 있는 바로 그곳에서 뇌 스캐너를 사용해야 한다. 그러나 뇌 스캐너를 이동시키는 것이 어렵기 때문에 그렇게 하기는 현실적으로 힘들다. 미국 뉴멕시코대학의 신경과학자 켄트 킬Kent Kiehl은 정확히 이것을 가능하게 하는 데 집중했다. 그는 MRI를 트럭에 싣고, 직접 현장에서 조사하기 위해 교도소로 갔다. 그의 원래 연구 주제는 사이코패스의 뇌 활성이지만, 기술적 기반이 없었고, 그래서 그의 이동형 뇌 스캐너는 거짓말탐지기로도 사용할 수 없었다. 독일에서 이렇게 하려면 엄청난 허들을 넘어야 한다. 윤리위원회, 사법제도, 물론 가장 먼저 수감 당사자 등, 다양한 관계자의 동의를 먼저 받아야 하기 때문이다. 윤리적 이유로 원칙적으로 어떤 연구도 피험자의 동의 없이 진행해서는 안 된다. 교도소 수감자 역시 예외가 아니다.

범행(현장) 지식 테스트

거짓말탐지기가 과연 진실을 알아내기 위한 올바른 방법일까? 거짓말탐지기의 장점은, 모든 질문을 '예'와 '아니요'로 구성된 동일한 코드로 바꿀 수 있다는 데 있다. 그러므로 어떤 사람이 범행 현장에 있었는지 확인하기 위해 또는 어떤 사람이 음주 운전을 했는지 확인하기 위해 각각 별도의 기기를 만들지 않아도 된다. 세상의 모든 복잡성이 예-아니요 질문으로 단순화된다.

그러나 이 장점은 동시에 단점도 동반한다. 진실과 거짓은 피험자의 주관적 관점에 달려 있기 때문에, 형사사건에서는 진실이냐 거짓이냐를 알아내는 것이 주요 목적이 아니다. 예를 들어, 피험자가 뇌 손상으로 기억상실증을 앓는다면 착각에 빠질 수 있고, 실제로는 진실을 말함에도 스스로 거짓말을 한다고 믿을 수 있다. 무엇보다 우리는 실제로 무슨 일이 벌어졌는지를 알고자 한다. 그러므로 어떤 경우든 뇌 활성에서 직접 범행 과정을 밝혀내는 것이 더 목적에 맞는다. 그것은 또한 원칙적으로 가능하다. 그러려면 속이려는 의도와 긴장 수준에 상관없이, 발생한 일을 있는 그대로 보여주는 뇌 정보에 접근해야 한다. 최상의 경우 뇌 활성 패턴의 정교한 분석으로 범행 기억을 직접 읽어내 실제로 무슨 일이 벌어졌었는지 알 수 있을 것이다. 그런 식으로 또한 심지어 범인조차 알지 못했던 사실을 알아낼 수 있을까? 예를 들어 범인이 스스로를 속이거나, 특정 세부 사항을 잊었거나 지워버렸을 때도?

이때 브레인 리딩이 새로운 지평을 열 수 있으리라 기대된다. 용의자에게 범행 현장 동영상을 보여주고, 그가 그곳에 있었는지 아닌지를 뇌 반응에서 알아낼 수 있다면 어떨까? 그러면 범행의 정황 증거를 확보하게 된다. 2001년 9월 11일의 테러리스트 사례를 돌이켜보면, 그들에게 테러 훈련장 사진을 보여주는 것이다. 그들이 그곳에서 훈련을 마쳤다면, 그들의 뇌가 이 장면을 다시 알아보는 것을 신경 활성에서 읽어낼 수 있으리라.

실제로 우리는, 피험자가 어떤 장소를 다시 알아보는지 아닌지를 뇌 활성에서 읽어낼 수 있는지 조사하는 실험을 했다. 먼저 베른슈타인 센터에서 쉽게 접근할 수 있는 베를린 샤리테 캠퍼스 내의 장소 여덟 곳을 선정했는데, 그중에는 독특한 세부 사항이 있는 실험실과 사무실이 포함되었다. 피험자들은 여덟 곳의 절반을 둘러보았고, 나머지는 보지 않았다. 그다음 우리는 스캐너에서 피험자들에게 여덟 곳의 사진을 보여주었고, 그들이 어떤 장소에 있었고 어떤 장소에 없었는지 브레인 리딩으로 알아낼 수 있는지 조사했다. 이 실험에서 피험자들은 거짓말이든 진실이든 말할 필요가 없었다. 그들은 그저 MRI 안에 누워서 각각의 장소 사진을 보기만 하면 되었고, 그러는 동안 우리는 그들의 뇌 활성 패턴을 촬영했다. 적중률은 약 70퍼센트였다. 이 정도 적중률이면, 원칙적으로 실현 가능한 방법임을 증명하기에 충분했지만, 실생활에 활용하기에는 한참 부족하다.

아무튼, 이 실험에는 예상치 못한 어려움이 있었다. 파일럿 단계까지만 해도, 우리는 관련 과학자들의 집에서 실험을 진행할 예정이었다. 피험자들이 몇몇 집을 방문하고, 그들이 어떤 집에 갔었는지 뇌 활성 패턴에서 알아낼 수 있는지 조사하려는 것이었다. 그것을 위해 동료 과학자들이 자신의 집을 찍은 사진과 동영상을 가져와야 했다. 그러나 대다수가 자기 집인데도 자신 있게 구별하지 못했다. 집들이 모두 매우 비슷해 보였기 때문이다. 나무 마루, 석고 무늬 천장, 회반죽 벽, 그리고 심지어 유명한 북유럽풍 책꽂이가 혼동을 주었다. 실제 범행 현장 역시, 만약 그것이 다른 장소와 비슷하다면 혼동할 수 있지 않을까? 그러므로 거짓말탐지기와 범행(현장) 지식 테스트 역시 당분간은 실험실 안에만 머물 것이다.

16장

신경 마케팅
: 임금님의 새 옷

뇌 스캐너로 정말 생각을 읽을 수 있으면, 그걸 이용해 부자가 될 수도 있지 않을까? 포커 게임 때 상대의 블러핑 전략을 간파하거나, 신용카드 비밀번호를 알아내거나, 주식거래자의 미래 행동을 예측할 수 있을 테니 말이다. 당연히 이런 일들은 일어날 수 없는데, 우선 포커 게임이나 주식거래 장소에 육중한 뇌 스캐너를 가져갈 수 없기 때문이다. 그러나 실제로 브레인 리딩을 활용하는 분야가 있고, 그곳에서는 골드러시 분위기가 느껴진다. 2000년대 초에 이미 몇몇 연구자들이, 잠재 구매자를 최고로 만족시킬 제품을 개발하는 데 뇌 스캐너를 이용할 수 있지 않을까, 생각했다. 이른바 신경 마케팅의 탄생이다.

신경 마케팅이라는 세련된 간판 아래, 온갖 다양한 일들이 벌어진다. 그것들 가운데 대다수는 신경이나 뇌와 놀랍도록 아무 관련이 없다. 그저 매출을 올리기 위해 신경과학이라는 트렌드에 편승한 것처럼 보이는 기업도 있다. 신경 마케팅 서비스를 공급하는 어떤 기업의 웹사이트에 가면, 예를 들어 안구 운동을 측정하는 프로그램이 있다. 이것은 고객이 광고 팸플릿이나 웹사이트를 볼 때 무엇에 주의를 기울이는지 확인할 수 있는 프로그램이다. 잠재 고객이 어디를 유심히 보는지 아는 것은 분명 매우 유용하다. 예를 들어 나체 사진으로 고객의 주의를 특정 상품에 끌고자 했는데, 고객이 나체 사진만 보고 상품을 보지 않는다면 이 광고는 원했던 효과를 낼 수 없게 된다. 그러나 이것이 정말 신경 마케팅일까? 눈동자를 움직이려면 당연히 신경세포가 필요하지만, 안구 운동은 뇌 과정이 아니므로 그것의 측정을 신경 마케팅이라 불러선 안 된다. 이 경우 뇌는 일종의 블랙박스나 마찬가지다.

신경 마케팅을 다룬 화제의 책들에서도, 인간의 행동 방식과 관련이 있긴 하지만 뇌와는 거의 무관한 온갖 접근 방식과 이론들을 읽을 수 있다. 이들 대다수가 무의식적 인식, 느낌, 보상 혹은 습관을 다룬다. 이것들은 상품 구매에 중요한 역할을 하지만, 소위 '신경 마케팅'이 실제로 뇌 활성을 측정하는 경우는 거의 없다. 대개는 오래전에 알려진 심리학 이론들이 신경과학 이론인 척 가장하여 재포장된 것에 불과하다.

신경과학 이론을 토대로 고객을 유형별로 분류하고 각각에 맞춘 특별 광고로 접근하려는 시도도 있다. 이런 접근 방식은 독일어권에서 종종 신경 마케팅의 동의어로 잘못 사용되는데, 실상 이것은 고객의 뇌 과정과 거의 관련이 없다. 이런 식의 유형 분류에서는 고객들을 (실제로 널리 퍼진 접근 방식에 따르면) 가족의 가치를 중시하는 조화론자, 자신의 욕구를 중심에 두는 쾌락주의자, 충동억제를 힘들어하고 위험을 즐기는 모험가로 분류한다.[1] 저마다 기질의 차이는 분명 있지만, 이런 식의 신경 유형을 뒷받침하는 과학 데이터는 없다. 설령 있더라도 아주 빈약하며, 뇌 과정과도 거의 무관하다. 또한, 잠재 고객의 신경 유형을 알아내는 방법도 뇌 활성 측정이 아니라, 그냥 설문 조사에 기댄다. 전통적인 마케팅 심리학이 뇌과학이라는 빛나는 가운을 입고 등장했을 뿐이다.

신경 마케팅은 두 가지 다른 접근 방식으로 이해된다. 하나는, 소위 신경경제학이 종종 진행하는, 구매 결정이 이루어질 때의 뇌 메커니즘을 조사하는 과학적 연구다. 이런 연구는 기본적으로 뇌 스캐너를 사용하고, 구매 결정에 관한 수많은 중요한 지식을 우리에게 알려준다. 그러나 이런 지식은 일반적 특성을 알려줄 뿐, 구체적인 상품 판매와 직접 연결 지을 수는 없다. 신경 마케팅의 두 번째 접근 방식은 상품 판매와 더 가깝다. 여기서는 구체적 상품에 대한 잠재 고객의 뇌 반응을 측정하여 상품 디자인이나 광고를 개선한다.

이것은 정확히 어떻게 진행될까? 신경 마케터[2]는 단순하고 매력적인 아이디어를 이미 예전부터 가지고 있었다. 뇌 어딘가에 일종의 '구매 단추'가 있고, 그것의 결정에 따라 고객이 상품을 구매하거나 구매하지 않는다. 다만 이 구매 단추를 가장 잘 자극하도록 상품을 최적화하면, 고객은 거부할 수 없는 구매 욕구를 느껴 상품을 살 수밖에 없다. 구매 단추는 뇌의 보상 체계와 밀접한 관련이 있고, 그래서 상품과 행복감을 연결하는 데 성공하면, 높은 매출이 보장된다.

인간 뇌의 보상 체계는 진화 역사로 볼 때 오래전에 생긴 구조로, 동물의 보상 체계와 비슷하다. 보상 체계의 개념 정의가 하나로 통일되진 않았지만, 여기에는 핵심적으로 세 가지 뇌 영역이 관여한다.

첫째, 중뇌의 중앙선 근처에 있는 이른바 배쪽 피개부Ventralen Tegmentalen Areal, 줄여서 VTA라고 불리는 신경세포들이 중심 역할을 한다. VTA를 다른 뇌 영역들보다 더 고귀하게 만드는 특징이 있는데, 이곳의 신경세포들은 신경전달물질인 도파민을 생산하여 긴 신경섬유를 통해 다양한 뇌 영역으로 보낸다. 도파민은 종종 '행복 호르몬'이라 불리는데, 바야흐로 신문에서도 무엇이 도파민 분비를 촉진하는지 알려주는 기사를 볼 수 있다. 맛있는 음식을 먹을 때, SNS에서 '좋아요'를 받을 때, 친구들과 웃고 떠들 때, 노을을 볼 때, 가족들과 시간을 보낼 때 우리 뇌에서는 도파민이 분비된다.

보상 체계에 관여하는 나머지 뇌 영역 두 곳은 측핵Nucleus

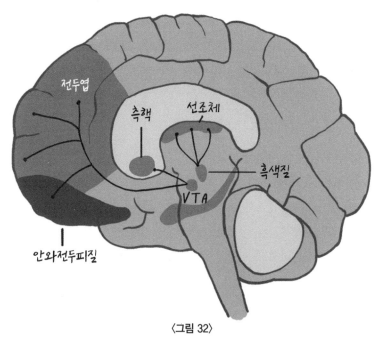

〈그림 32〉

뇌의 중앙선을 따라 자른 단면에서, 단순화한 보상 체계의 모습을 볼 수 있다(그림의 왼쪽은 이마이고 오른쪽은 뒤통수다). 중뇌의 한 영역에(배쪽 피개부. VTA) 신경전달물질 도파민을 생산하는 세포들이 있다. 여기서 생산된 도파민이 다양한 영역에서 분비 되는데, 특히 전두엽과 기저핵의 측핵에서 분비된다. 이 영역들은 비록 다른 기능에 도 관여하지만, 주로 '보상 체계'라고 불린다.

accumbens과 안와전두피질Orbitofrontal Cortex, OFC이다. 이 두 곳에서 도 도파민이 분비된다. OFC는 앞에서 기쁨을 판독할 때 이미 중 요한 역할을 했었다(11장 참조). OFC는 이마 바로 뒤, 안구 위쪽 에 있다. 시각, 청각, 촉각, 미각, 후각에서 온 정보들이 OFC에 모 인다. 그래서 특정 이미지, 음악, 촉감, 맛, 향기가 행복감을 줄 수 있다. OFC가 손상된 사람은, 예를 들어 도박에서 보상 확률이 높게 행동하는 데 어려움을 겪는다.

OFC와 측핵은 보상의 기대감도 담당한다. 좋은 포도주의 코르크 마개를 따고 30분쯤 향을 맡으면, 아직 한 방울도 마시지 않았음에도 세포들이 벌써 활기를 띤다. 이것 덕분에 인간은 가장 멋진 기쁨의 감정인 설렘을 느낄 수 있다.

보상 체계 영역은 코카인과 헤로인 효과에서도 중요한 역할을 한다. 마약 욕구는 일단 한 번 경험하면 더는 거부할 수 없게 되는데, 마약이 보상 센터의 뇌 활성을 특히 강하게 자극하기 때문이다. 바로 이 보상 센터를 자극하는 제품을 신경 마케팅이 개발한다면, 고객은 속수무책으로 그 제품을 구매할 수밖에 없으리라. 니르 이얄Nir Eyal은 《훅: 일상을 사로잡는 제품의 비밀Hooked: How to Build Habit-Forming Products》이라는 책 제목으로 자신의 의도를 노골적으로 드러냈다. 이 책은 특히, 기업이 '사용자의 뇌를 통제하는 방법'을 다룬다.[3] 이런 책의 내용에 따르면, 우리가 자유롭다고 여기는 구매 결정이 달리 보인다.

신경 마케팅의 절차는 다음과 같다. 한 피험자에게 다양한 버전의 제품을 보여준다. 이때 fMRI로 보상 체계의 활성을 촬영한다. 이런 방식으로 보상 체계에 가장 강한 반응을 일으키는 제품 버전을 조사한다. 그러면 보상 체계가 특히 강하게 반응할 디자인과 디스플레이를 알아낼 수 있고, 그 제품의 수요는 당연히 높아질 것이다. 그러나 이 시나리오에는 여러 걸림돌이 있다.

첫 번째 걸림돌: 도파민은 행복 호르몬이 아니다

도파민은 비록 뇌에서 보상 작업에 관여하지만, 그것이 직접 행복감을 담당하는지 혹은 또 다른 과정이 더 필요한지는 아직 논란의 여지가 있다. 뇌과학에서 아직 완전히 밝히지 못한 행복감의 발생 메커니즘을 도파민이 담당한다고 여겨지지만, 현재 몇몇 뇌과학자들은 도파민보다 신체가 자체적으로 생산하는 아편이 행복감에 더 중요하다고 확신한다. 어차피 도파민은 뇌에서 주로 '전천후'로 활동하여, 근육운동에서도 중심 역할을 한다. 예를 들어, 검은색 물질인 이른바 흑색질의 기능 저하로 기저핵에서 도파민 결핍을 앓는 파킨슨병 환자는 그로 인해 재빨리 움직이지 못한다. 움직임의 '시동'이 걸리기가 어렵기 때문이다. 행복감을 측정하려면, 추측건대 도파민 분비만으로는 충분하지 않을 것이다. 다른 신경 마커가 더 필요하다.

두 번째 걸림돌: 복잡성과 개선안

한 제품의 포장 디자인이 여럿이고, 뇌 스캐너로 확인해보니 모든 디자인이 어느 정도씩만 보상 체계를 자극한다고 가정해보자. 이 정보로 무엇을 할 수 있을까? 여기서 신경 마케팅의 또 다른 약점이 드러난다. 이른바 '포스트 디자인' 문제다. 디자인이 완성된 후에야 비로소 이 디자인이 보상 체계를 얼마나 자극하는지 조사할 수 있다. 그리고 뇌 반응은 더 확실한 성공을 위해 디자인을 어떻게 개선해야 할지는 알려주지 않는다. 치즈 포장에 농장뿐 아니라 귀여운 송아지 이미지도 몇 마리 그려져 있으면, 고객의 구매 욕구가 높아질까? 지금까지의 신경 마케팅에서는 모든 개별 디자인을 마친 다음, 어떤 것이 고객 마음에 드는지 스캐너로 확인해야 한다. 그러나 이 정도 조사는 전통적 시장 연구 방식으로 하는 편이 훨씬 더 쉽고 효율적이다. 잠재 고객에게 상품의 특정 측면이 얼마나 마음에 들고, 무엇을 개선하면 좋을지 그냥 묻기만 하면 된다. 어떤 사람이 커피와 차 중에서 어느 것을 더 선호하는지 알고 싶다면, 그 사람을 MRI 통에 밀어 넣는 대신 그냥 물어보면 된다.

보상 가치만 따져서는 구매자의 복잡한 감정 세계를 결코 포착할 수 없다. 제품에 대한 인상을 알아내는 상대적으로 단순한 방법이 있다. 수십 년 전부터 써온 방법으로, 잠재 고객에게 제품의 다양한 특징을 평가해달라고 그냥 청하면 된다. 예를 들어 응답자들이 어떤 치약을 깨끗하거나 더럽게, 상쾌하거나 텁텁하게, 고품질이나 저품질로, 보수적이거나 혁신적으로 여기는지를 이른바 '의미 분별 척도Semantic differential'에 표시하면 된다. 또한, 설문 조사 방식으로 응답자에게 이 제품을 구매할 의향이 있는지, 그리고 무엇을 개선하면 좋을지도 물을 수 있다. 뇌 활성 패턴으로 이보다 더 잘 알아낼 수 있을까? 아니, 과연 알아낼 수는 있을까? 잠재 소비자의 구매 태도를 가늠할 수 있는 우수한 방법이 이미 존재하는데, 왜 굳이 뇌 활성 패턴을 측정하는 수고를 한단 말인가?

그런 수고를 하려는 이유 중 하나는 어떤 제품이 얼마나 마음에 들거나 싫은지, 고객이 솔직하게 말하기를 꺼리기 때문일 것이다. 마케팅 연구에 참여하는 대가로 돈을 받는 피험자는 어쩌면 순전히 예의 차원에서, 디자인이 얼마나 끔찍하게 싫은지 솔직하게 말하고 싶지 않을 수 있다. 이런 예외 상황에서는 신경 마케팅과 거짓말탐지 사이의 경계가 모호해진다.

세 번째 걸림돌: 보상 혹은 집중?

뇌의 보상 체계에 일종의 구매 단추가 있다는 기본 가정은 이처럼 이미 논리적 오류를 기반으로 한다. 어떤 것을 보상으로 느끼면, 보상 체계가 활성화된다. 이 명제에서는 다음과 같은 역逆결론이 나온다. 어떤 상품을 통해 보상 체계가 활성화되면, 구매자는 그 상품을 보상으로 느낀다. 이런 역결론은 그럴듯해 보이지만, 다음의 사례에서 알 수 있듯이, 틀렸다. 비가 오면 도로가 젖는다. 그러므로 도로가 젖었으면, 비가 내린 것일까? 많은 경우 맞을 수도 있지만, 청소차가 물을 뿌리고 지나갔을 때도 도로는 젖는다. 이것은 잘못된 역결론이고, 활성화된 보상 시스템에서도 이런 오류가 생길 수 있다. 보상 시스템이 활성화되는 요인은 아주 다양하기 때문이다. 예를 들어, 아주 힘들게 애쓰거나 주의를 집중시키는 뭔가 특이한 것을 보면, 측핵이 활성화될 수 있다. 그러므로 '보상 체계'라는 말 자체가 혼동을 일으키는 잘못된 표현이다.

새로 출시하는 자동차의 디자인을 위해 비싼 신경 마케팅 연구를 실행하고, 잠재 고객의 보상 체계 활성에 의존하여 신차를 개발한다면, 마지막에는 결국 시장에 완전히 부적합한 자동차가 출시될 것이다. 보상 가치가 아니라 오로지 주의만 집중시키는, 그래서 다른 후보자들보다 독보적으로 튀는 자동차가 출시될 가능성이 있다. 그러면 우아한 디자인에 성능까지 개선된 최고급 승용차 대신에 완전히 우스꽝스러운 자동차가 개발될지도 모를 일이다(〈그림 33〉).

여기서는 잘못된 역결론이 금세 간파된다. 그러나 더 미묘한 사례들도 있다. 2008년, 덴마크 광고전문가 마르틴 린드스트롬 Martin Lindstrom은 영향력이 아주 높은 책을 출간했다. 제목은《구매생물학: 우리는 왜 사고, 무엇을 사는가 Buyology: Warum wir kaufen, was wir kaufen》이다. 이 책은 여러 심리학적 광고 기술 이외에, 담뱃갑의 경고 문구를 다룬 '역대 최대 신경 마케팅 연구'를 소개한다.[4] 연구팀은 MRI 안에 누운 피험자들에게 담뱃갑 사진을 보여주었는데, 어떤 것에는 경고 문구가 있었고 어떤 것에는 없었다. 이때 피험자의 보상 체계는 경고 문구가 없는 것보다 있는 담뱃

〈그림 33〉

이런 '소시지 자동차'는 비록 눈에 확 띄지만, 분명 극소수의 사람에게만 구매욕을
불러일으킬 것이다.

갑에 더 강하게 반응했다. 그래서 린드스트롬은 경고 문구가 효
력을 완전히 잃었다고 결론을 내렸다. 흡연의 위험을 경고해야
할 담뱃갑이 오히려 일반 담뱃갑보다 더 많은 보상을 약속했기
때문이다.

나는 CBS 뉴스 방송 〈60분60 Minutes〉에서 이 내용을 접했고, 린
드스트롬이 신경 마케팅 연구에서 도출한 결론이 잘못되었다고
지적했다. 그것은 잘못된 역결론의 결과였기 때문이다. 추측건대,
흡연자에게 닥칠 수 있는 위험을 경고하는 담뱃갑이 경고가 없
는 일반 담뱃갑보다 더 눈에 띄었을 테고, 이런 낯선 자극으로 피
험자의 주의가 집중되면서 보상 체계가 활성화되었을 터다. 행동
연구에 따르면, 경고 문구는 실제로 흡연자에게 금연을 유도하는
것으로 판명되었다.[5]

잘못된 역결론은 끈질기게 계속되는데, 신경 마케팅을 대중들에게 쉽게 설명할 때 특히 그렇다. 마르틴 린드스트롬은 몇 년 뒤에 휴대전화의 효과에 관한 연구를 다뤘다.[6] MRI 안에 누운 피험자에게 스마트폰 벨소리를 들려주면, 피험자의 섬엽이 활성화되었다. 린드스트롬은 이 결과를 피험자의 스마트폰 사랑으로 해석했다. 그러나 섬엽은 부정적 감정에도 관여하므로, 어쩌면 피험자는 전화벨 소리에 그냥 짜증이 났을 수도 있다.

네 번째 걸림돌: 충동 통제

잠재 고객이 어떤 상품에 얼마나 감탄하는지를 정말로 뇌 활성 패턴에서 알아낼 수 있더라도, 실제로 구매 결정으로 이어질지는 아직 모른다. 충동이 모두 행동으로 이어지는 것은 아니기 때문이다. 일상에서 확인되듯이 우리는 보상 자극에 속수무책으로 굴복하지 않는다. 보상 자극을 통제하지 못한다면, 아마도 모두가 쇼핑 카트에 과자, 술, 담배를 넘치도록 가득 담을 것이다. 마트에서 살 수 있는 물건들 가운데 그런 일차원적 보상이 뇌의 보상 체계를 가장 강하게 자극하기 때문이다. 말하자면 우리 뇌에는 일종의 심판 기관이 있어, 우리는 모든 보상에 굴복하지 않고 충동을 통제하여, 1950년대 캘리포니아공과대학의 제임스 올즈James Olds와 피터 밀너Peter Milner의 유명한 실험 쥐처럼 되지 않는다.[7] 두 연구자는 실험 쥐의 보상 체계 곳곳에 전극을 심었다. 쥐들이 레버를 눌러 전기 회로를 연결하면, 뇌의 보상 체계에 자극이 갔다. 쥐들은 몇 분 내로 메커니즘 활용법을 익혔고, 그 뒤로 주변의 모든 것을 잊은 듯 보였다. 쥐들은 완전히 녹초가 될 때까지 몇 시간이고 계속 레버를 눌렀다. 연구자들이 쥐에게 먹이를 주었지만, 쥐들은 그것에 관심을 두지 않고 계속해서 행복 레버를 눌렀다. 보상 레버를 누르기 위해 전기 충격조차 감내한 것이다. 실험 쥐들은 점점 더 많은 보상을 원했고, 그 충동을 더는 억제할 수 없어 보였다. 뇌의 충동 통제는 보상 체계의 직접적인 자극 앞에서 힘을 쓰지 못했다.

어떤 상품이 잠재 고객의 보상 체계를 자극하더라도, 이것은 올즈와 밀너의 쥐 실험에서 살펴본 보상 체계 자극과 같을 수 없다. 보상의 기대가 실제로 구매 행동으로 이어지려면, 여러 걸림돌을 극복해야 한다. 당신은 배가 고프고, 그래서 케이크 한 조각의 보상 가치가 매우 높다고 가정해보자. 당신은 지금 제과점을 지나는 중이고 커다란 쇼윈도에 케이크가 멋지게 진열되어 있다. 한복판에 놓인 생크림 케이크 조각들이 당신에게 손짓하는 것 같다. 배내측 전전두피질에서는 즉시 보상 가치가 생긴다. 그러나 그것 때문에 당신이 정말로 케이크를 사게 될까? 당연히 나는 알지 못한다. 그러나 적어도 뇌의 심판 기관인 배외측 전전두피질을 같이 고려해야 한다는 것은 안다(〈그림 34〉 참조). 이 뇌 영역은 인과관계의 사슬을 멈출 수 있다. 그러면 구매 행동은 일어나지

〈그림 34〉

뇌의 충동 억제 모형. 배가 고플 때 맛있는 케이크를 보면, 배내측 전전두피질(ventromedial Prefrontal Cortex, 줄여서 vmPFC)에서 긍정적 평가가 나온다. 이것이 케이크를 먹고 싶은 충동을 일으킨다. 그러나 배외측 전전두피질(dorsolateral Prefrontal Cortex, 줄여서 dlPFC)이 개입하여 더 상위에 있는 행동 목표(체중 조절)를 근거로 이 충동을 억제할 수 있다.

않고, 당신은 케이크를 사지 않고 가던 길을 계속 간다.

이 메커니즘을 더 정확히 이해하기 위해 나는 베른슈타인 센터에서 마르틴 베이간트Martin Weygandt와 함께, 당시 식단 조절 중이던 비만 환자들의 자기 통제력을 조사했다.[8] 피험자에게 칼로리가 아주 높은 식품을 보여주자마자, 뇌의 보상 체계가 강한 반응을 보였다. 그러나 그것이 반드시 행동으로 이어지진 않았다.

또한, 우리는 식단 조절을 성공적으로 유지하는 피험자들에게서 배외측 전전두피질의 높은 활성화를 확인할 수 있었다. 이 심판 기관이 식욕 충동을 성공적으로 억제하는 것 같았다.

한마디로 두 가지 다른 시스템의 대결이었다. 배내측 전전두피질은 특정 행동이 얼마나 보상을 줄 수 있는지를 바탕으로 외부 세계를 평가하여 행동 충동을 일으킨다. 앞의 은유로 표현하자면, 이 시스템에 의해 도미노 조각이 연쇄적으로 넘어진다. 반면, 배외측 전전두피질은 행동의 장기적 결과를 고려하여 충동을 통제한다. 필요하다면, 충동으로 쓰러지기 시작한 도미노 조각을 멈추게 한다.

그러므로 상품의 보상 가치를 뇌 활성에서 읽어내는 것만으로는 충분하지 않다. 충동을 구매 행동으로 바꾸는 이른바 실행 기능도 파악해야 한다. fMRI로 그런 과정을 원칙적으로 입증할 수는 있지만, 구체적 활용에도 의미가 있는 결과인지는 아직 불명확하다.

다섯 번째 걸림돌: 실생활 혹은 실험실?

당신이 방금 주말 장보기를 마치고 마지막으로 과일 코너에서 있다고 상상해보자. 당신은 세련된 디스플레이와 온화한 조명, 잔잔한 음악이 만들어내는 안락한 분위기에 사로잡혀 상큼한 연둣빛 사과를 본다. 사과를 집어 들어 이리저리 돌려보고 만져보고 냄새를 맡아보고, 먹고 싶어져 카트에 담는다. 이제 MRI 안에 누운 상황을 상상해보자. 당신은 검사실에 들어서서 옷을 갈아입고 불쾌한 기계 소음을 막기 위한 귀마개를 끼우고 불편한 스캐너 안에 등을 대고 누워 강렬한 조명을 받으며 꼼짝 않고 있어야 한다. 상품을 만져보거나 냄새를 맡아보는 일은 당연히 불가능하다. 이런 상황에서도 어쨌든 구매할 생각이 있다고 가정했을 때, MRI 안에서의 구매 결정은 마트의 생동감 넘치는 분위기에서의 구매 결정과는 확실히 다를 수밖에 없다.

이 문제의 해결책은, 구매 결정이 내려지는 장소, 즉 '구매 시점Point of Sale'에 최대한 근접하게 실험 환경을 설정하는 것이다. 당연히 무게가 15톤이나 되는 MRI 장비를 머리에 이고 마트를 돌아다닐 수는 없다. 이처럼 이동이 필요한 상황에서는 EEG가 훨씬 더 적합하다. 최근에 모자처럼 머리에 쓸 수 있는 EEG 장치가 개발되었다. 이 EEG 장치는 접촉 젤 없이도 잘 작동하여, 착용의 편의성도 상당히 개선되었다. EEG 모자에는 뇌전도를 분석할 작은 컴퓨터가 연결되었는데, 이것은 허리띠에 간단히 고정할 수 있다.

이동이 가능한 이런 EEG 모자는 현재 계속해서 집중적으로 발전하는 중이다. 물론 상용화까지는 아직 채워야 할 요구 조건이 아주 많다. 이를테면, 피험자의 모든 몸동작과 표정, 끄덕임 등이 측정에 방해가 된다. 뇌에 의해 조종되는 모든 움직임이 EEG

신호를 만들어내기 때문에, 이런 신호들이 구매 결정 신호를 가려버릴 수 있다. 두피 근육도 뇌의 전기 신호와 비슷한 신호를 보낸다. 게다가 걸을 때마다 EEG 모자가 약간씩 흔들리고 이것이 또 다른 방해를 만든다. 17장의 뇌-컴퓨터 인터페이스에서 확인할 수 있듯이, 그럼에도 바로 이 분야에서 최근에 놀라운 진보가 있었다.[9]

미국 뇌과학자 브라이언 너트슨Brian Knutson 연구팀이 2017년에 보여준 것처럼, 실험실에서 실생활로 옮겨도 되는 몇몇 신경 마케팅 사례가 있다.[10] 피험자들은 스캐너 안에서, 크라우드펀딩 서비스 '킥스타터Kickstarter'에서 자금을 조달하려는 실제 프로젝트에 투자를 할지 말지 결정해야 했다. 연구팀은 측핵의 활성을 기반으로 킥스타터의 어떤 프로젝트가 실제로 투자를 받을지 아주 정확하게 예언했다. 흥미롭게도 뇌 활성을 기반으로 한 예언은 심지어 피험자의 투자 이력을 기반으로 한 예언보다 훨씬 더 정확했다. 역설적이게도 피험자의 뇌가 피험자에 관해 피험자 자신보다 더 잘 아는 것 같았다.

이 실험은 뇌 스캐너가 특정 조건 아래에서 이루어지는 행동 관찰보다 더 많은 정보를 준다는 증거일 수 있다. 그러나 적중률이 아주 낮아서(최대 67퍼센트), 실생활에 활용하기에는 충분하지 않을 것이다.

휴면 상태의 선호?

신경과학의 구매 결정 연구에는 특히 흥미로운 측면이 있는데, 바로 상품 선호에 작용하는 무의식의 역할이다. 무의식적 자극을 다룰 때 앞에서 이미 확인했듯이, 뇌에서는 의식 차원으로 올라오지 않는 일들이 일어난다. 그러므로 브레인 리딩으로 무의식적 상품 선호 역시 뇌 활성에서 읽을 수 있는지 확인하는 일은 매우 흥미로웠다.

2009년에 나는 베른슈타인 센터 동료 아니타 투셰Anita Tusche와 함께 이 주제에 집중했고 인상 깊은 결과를 도출했다. 피험자의 의식적 주의 집중을 다뤄야 했으므로, 실험 설정이 매우 까다로웠다. 먼저 특정 상품에 대한 의식적 선호를 뇌 활성에서 읽어낼 수 있는지부터 확인해야 했다. 우리는 선호도가 아주 높은 상품과 그에 적합한 피험자를 선택했다. 바로 자동차와 남성이었다. 다소 구태의연한 선택이었지만, 그 대신 결과를 도출하는 데에 쉽고 빨랐다. 우리는 피험자에게 다양한 자동차 사진을 보여주고, 각 자동차를 얼마나 좋아하는지 평가하게 했다. 그러는 동안 MRI로 피험자의 뇌 활성을 촬영했고, 신경 활성 패턴에서 선호하는 자동차를 알아내도록 컴퓨터를 훈련했다. 이때 두 영역이 특히 중요한 역할을 했다. 보상에 강하게 반응하는 배내측 전전두피질(〈그림 34〉)과 감정 처리를 담당하는 섬엽이 높은 활성화를 보였다. 섬엽은 전통적으로 혐오감을 느끼는 장소로 통했지만,

오늘날 널리 알려졌듯이, 섬엽은 화, 슬픔, 공포는 물론이고 기쁨의 감정을 느낄 때도 활성화된다. 어쩌면 우리 실험에서 섬엽의 활성화는 자동차의 부정적 연상을 코딩한 것일지도 모른다.

실험 결과, 뇌 활성을 통해 컴퓨터가 누가 어떤 자동차를 좋아하는지 알아내는 적중률은 75퍼센트였다. 우연보다 명확히 높았지만 완벽한 예언과도 거리가 먼 결과였다.

그럼에도 이제 우리는 결정적 한 걸음을 뗄 수 있었고, 자동차가 의식적으로 인식되지 않으면 어떤 일이 생길지 물을 수 있었다. 그러려면 피험자는 자동차가 아닌 다른 것에 한눈을 팔아야 했다. 그래서 우리는 모니터 중앙 한쪽에 디근 모양의 열린 사각형을 보여주었다. 피험자들은 사각형을 자세히 관찰하여 어느 쪽이 열린 사각형인지 맞혀야 했다. 그들이 이 과제에 모든 주의를 집중하는 동안, 우리는 배경에 페이드인 방식으로 다양한 자동차를 등장시켰다.

실험 결과는 우리가 예상한 대로 나왔다. 피험자들은 주어진 과제 풀이에 깊이 몰두하느라 자동차 사진은 의식하지 못했다. 그것을 확인하는 일은 간단했다. 실험이 끝난 뒤에 우리는 실험에 사용했던 자동차 사진과 그렇지 않은 사진들을 보여주고, 실험하는 동안 봤던 사진을 골라낼 수 있는지 물었다. 피험자들은 실험에서 보았던 자동차와 그렇지 않은 자동차를 구별하지 못했다.

피험자가 사각형 과제에 몰두해 있는 동안 우리는 피험자의

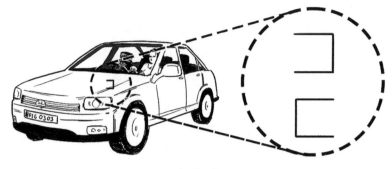

〈그림 35〉

의식적으로 인식하지 않은 자동차 사진이 자동차 마니아의 뇌에 어떤 반응을 일으
키는지 조사했다. 피험자의 주의를 자동차에서 다른 곳으로 돌리기 위해, 우리는 모
니터 중앙에 작은 사각형을(오른쪽에 확대해둔 사각형) 보여주고, 피험자에게 그것을
관찰하여 어느 쪽이 열린 사각형인지 말하게 했다. 피험자는 배경에 나타난 자동차
를 나중에 다시 알아보지 못했지만, 우리는 뇌 활성 패턴에서 그들이 어떤 자동차를
기꺼이 사고 싶어 할지 알아낼 수 있었다.

뇌 활성을 측정했고, 이 뇌 활성 패턴에서 피험자가 선호하는 자
동차를 알아내도록 컴퓨터를 훈련했다. 결과는 놀라웠다. 피험자
가 자동차 사진을 의식적으로 인식하지 않았음에도, 우리는 뇌
활성 패턴에서 특정 자동차에 대한 선호를 읽어낼 수 있었다. 여
기서 끝이 아니다. 이때 선호하는 자동차를 맞히는 적중률이 주
의를 집중하여 자동차 사진을 봤던 첫 번째 실험과 똑같이 높게
나왔다. 우리도 이 결과에 약간 놀랐는데, 피험자가 능동적으로
집중하지 않아도 선호하는 상품을 뇌 활성에서 읽어낼 수 있음을
의미하는 결과였기 때문이다. 다시 말해, 주의를 집중하지 않아
도 뇌 스스로 특정 상품에 몰두할 수 있는 것이다.[11]

우리는 또 다른 실험에서 이것을 재확인할 수 있었다. 이때는 정치인과 그들의 소속 정당을 다뤘다. 정치인은 비록 상품이 아니고 그래서 (원칙적으로) 구매할 수 없지만, 이들은 매우 유명하고 각각 매우 다르며 호불호가 강하게 갈리기 때문에, 무의식적 선호의 메커니즘을 연구하기에 아주 좋은 주제였다. 우리는 MRI 안에 누운 피험자에게 대표적인 두 정당의 정치인 사진을 보여주었다. 인물 선호도와 정당 선호도가 혼동되지 않도록, 양 정당 지지자에게 비슷하게 사랑받는 정치인들로 골랐다. 우리는 선호하는 정치인뿐 아니라 선호하는 정당도 어느 정도 수준까지 뇌 활성에서 읽어낼 수 있었다. 여기서도 적중률이 실생활에 활용하기에는 너무 낮았지만, 그럼에도 두 실험은, 무의식적 과정의 구매 또는 투표 결정을 뇌 활성에서 읽을 수 있음을 명확히 보여주었다.

그렇다면 무의식적 선호조차 신경 마케팅에 이용할 수 있다는 뜻일까? 반드시 그런 것은 아닌데, 피험자들은 다른 곳에 주의를 빼앗겼지만, 후속 질문에서 확인할 수 있었던 것처럼, 자신이 무엇을 더 좋아하는지 완전히 의식했다. 그러나 구매 결정의 진짜 이유를 정확히 밝히지 못하는 사례도 있다. 예를 들어 주식 매수 때, 매수자가 언급한 이유와 진짜 매수 동기가 종종 달랐다. 행동을 기반으로 하는 고전적 절차를 뛰어넘어 새로운 공헌을 할 수 있는, 진정한 신경 마케팅의 출발점이 어쩌면 여기 있을지도 모른다.

그러나 여기서 또 다른 한계에 부딪힌다. 무의식적 선호를 뇌 활성에서 읽어내는 것이 과연 도덕적으로 괜찮을까? 생각을 보관하는 비밀의 방은 매우 사적이고 보호할 가치가 있으므로, 상업적 혹은 정치적 목적으로 그 방에 침투하는 것이 과연 윤리적으로 허용할 만한지 따져보아야 한다. 이런 윤리 문제는 나중에 더 자세히 다루게 될 것이다.

현재 수준의 신경 마케팅 도구함은 고전 마케팅 기술을 넘어서지 못한다. 신경 마케팅에 대한 과한 들뜸은 어쩌면 사고 오류에서 왔을지 모른다. 오늘날 신경과학을 기반으로 개발된 여러 활용 사례 뒤에는, 고전적인 심리학적 접근 방식의 한계를 극복할 수 있으리라는 희망이 담겨 있다. 심리학은 비록 여러 이론을 제공하지만, 구체적 예언이 힘들 때가 많기 때문이다. 뇌 메커니즘을 포괄적이고 기술적으로 이해하여 복잡한 사고 세계를 파악하고 행동을 예언할 수 있으리라는 희망이 신경과학과 연결된 것 같다. 말하자면, 구매 행동의 '신경역학'을 이해하면, 어떤 상품이 특히 잘 팔릴지 정확히 예언할 수 있으리라 기대하는 것이다.

여기에 사고 오류의 핵심이 있다. 특정 상품에 어떤 뇌 영역이 반응하는지 아는 수준으로는 원하는 예언 능력에 결코 도달할 수 없다. 이 희망은 마치 작동하는 부품을 보고 컴퓨터의 작동 반응을 예언하려는 시도만큼이나 헛되다. 또한, 뇌 과정의 복잡한 연결망 자체가 예언 가능성의 근본적 한계일지 모른다. 불확실성은 복잡계Complex system의 특징이고, 생태계 역시 언제나 근사치로만 예언될 수 있다. 생태계 침해가 전혀 예상치 못한 결과로 이어질 때 이 사실이 비로소 명확해진다. 뇌 과정을 세밀하게 통제하겠다는 것은 환상이다. 이는 뇌를 복잡하되 기본적으로 파악이 가능한 시계로 보는 단순한 기계적 사고에서 비롯된 환상이다.

신경 마케팅 서비스로 시장에 안착하려는 기업가는 다른 의견일 테지만, 오늘날의 뇌과학 기술은 아직까지 많이 투박하다. 가까운 미래에 실생활에서 이루어지는 구매 결정을 신경 활성을 통해 제대로 읽어내기에는 한참 부족하다. 측정 기술이 더 세밀한 해상도에 도달하지 못하는 한, 우리는 뇌 과정의 기본 원리만 이해할 수 있다.

아주 드물게 90퍼센트의 적중률을 보이지만, 종종 그보다 한참 아래에 있는 적중률이 이런 사실을 반영한다. 신경 마케팅은 거짓말탐지기와 마찬가지로 상용화에는 부적합하다. 여기에서 기초연구와 상용화 사이의 깊은 골이 다시 드러난다.

그러나 이런 근원적 어려움을 정신과 뇌를 분리해서 보는 이원론의 증거로 이해해서는 안 된다. 구매 결정에 이르는 과정은 원칙적으로 완전히 파악이 가능하다. 구매 결정은 단계적으로 이루어지는데, 마지막 단계에서 돈과 상품의 주인이 바뀐다. 이 과정은 생물학 법칙과 인과관계의 원리를 따른다. 그러나 이미 여러 번 말했듯이, 복잡성(860억 개 신경세포와 끊임없이 바뀌는 네트워크 조직)과 기술적 한계로 우리는 이 과정을 아직 완전히 추적하진 못한다.

이 문제를 다시 한번 상세히 설명하기에, 날씨예보가 좋은 사례다. 날씨는 자연현상이고, 우리는 이것을 물리학 법칙으로 설명할 수 있다. 그러나 세부적 예보는 아주 힘들거나 불가능하다. 현재의 기술로는 어디에 어떤 구름이 나타나고, 특정 계곡에 언제 비가 오며, 그곳에 바람이 얼마나 강하게 불지 정확히 예보할 수 없는 경우가 대부분이다. 측정소의 밀집도와 위성사진의 해상도에 한계가 있으므로, 일기예보에도 (브레인 리딩처럼) 데이터 문제가 존재한다. 그럼에도 우리는 자연과학의 설명을 버리지 않고, 바람과 구름과 비를 운명적인 현상으로 보지 않는다.

뇌과학도 마찬가지다. 거짓말탐지 혹은 신경 마케팅 분야에서 실생활에 활용할 만큼 뇌 과정을 정확하게 파악하지 못한다고 해서, 그것이 뇌 과정을 기본적으로 이해하지 못한다는 뜻은 아니다.

그러나 성공을 약속하는 신경 마케팅을 위해서는 바로 그 상세하고 정확한 예언이 필요할 것이다. 실생활에 활용할 수 있는 신경 마케팅의 첫 관문은, 생각하지 못한 가상의 상품에 뇌가 어떻게 반응할지 예언하는 것이다. 신경과학이 어떻게 그것을 해낼지는 아직까지 불확실하다.

17장

생각의 힘

2017년 초여름, 전 세계가 귀를 쫑긋 세우는 발표가 있었다. 당시 페이스북의 F8 프로젝트 개발팀장이었던 레지나 듀간Regina Dugan이, 페이스북도 앞으로 생각을 읽을 것이라고 공표한 것이다. 키보드 없이 뇌에서 곧바로 텍스트와 명령어 입력하기! 그가 높이 내건 이 목표가 달성되면, 우리는 스마트폰을 굳이 꺼내지 않고도 생각만으로 문자나 '좋아요'를 보낼 수 있다.

이 발표에 대한 독일 뉴스 매체의 어조는 명료했다. "페이스북이 생각을 읽으려 한다!"[1](《디 차이트Die Zeit》), "세계 최대 온라인 네트워크는 앞으로 생각을 곧바로 텍스트로 옮기고자 한다"[2](《컴퓨터빌트Computerbild》). 윤리적 우려도 빠지지 않았다. "페이스북이 이제 뇌에도 접근하여 생각까지 읽는다면, 이용자의 개인정보보호는 어떻게 보장할 것인가?"[3]

생각의 인터페이스

페이스북이 발표한 것은 지금까지 이 책에서 다룬 브레인 리딩과 전혀 다른 접근 방식이다. 신경 마케팅 혹은 거짓말탐지기와 달리, 여기에서는 '브레인-컴퓨터 인터페이스BCI'라는 기술 장치를 생각으로 제어하기 위해 뇌 활성을 읽는다.

뇌와 컴퓨터가 만나는 그런 인터페이스를 당신은 아마 여러 공상과학 영화에서 보았을 것이다. 예를 들어, 〈매트릭스〉에서는 네오의 뇌와 가상 세계를 연결하는 코드가 네오의 뒤통수에 꽂혀 있다. 당연히 현재 이것은 아직 공상과학 영화 속 장면에 머물러 있다. 그런 장치는 뇌와 컴퓨터가 완전히 일치되어야 가능하기 때문이다. 이미지, 소리, 촉감, 냄새 등, 뇌에 저장된 모든 것이 이 장치와 동기화되어야 한다.

뇌가 데카르트의 상상처럼 그렇게 단순한 구조라면, 뇌와 컴퓨터를 완전히 일치시키는 일이 가능할지도 모른다. 그러나 실제로는 어쩌면 뇌의 수많은 영역에 각각 인터페이스를 마련해야 할지도 모른다.

이것과 비교하면 페이스북의 아이디어는 매우 단순하다. 생각이 문자 전송 명령어로 바뀐다. 페이스북은 벌써 BCI의 기대 입력 속도까지 정확하게 계산해놓았다. 새로운 기술은 뇌 활성에서 1분에 100단어를 읽고 그것을 텍스트로 바꾼다. 1분에 100단어면, 양손 입력법을 방금 익힌 사람보다 약 두 배가 빠른 속도다. 이 장치는 1,000단어 중에서 어떤 단어인지 알아내는데, 이때 오류율이 17퍼센트 이하다.

실리콘밸리의 발표에 따르면, 비밀연구소 '빌딩 8'에서 일하는 연구자들은 뇌의 언어 센터에 직접 접근하고자 했다. 여기에는 한 가지 장점이 있는데, 이용자는 어떤 생각을 인터페이스에 전달하고 어떤 생각을 감출지 통제할 수 있다. 전달하기로 마음먹은 생각만 장치에 노출되고, 다른 모든 생각은 감춰지기 때문이다.

페이스북의 장기 비전은 비침습적 장치, 즉 외과적 수술로 두개골과 뇌에 침투하지 않는 장치를 개발하는 것이다. 이런 장치는 분명 대중들의 수용도를 확실히 높일 것이다. 페이스북에 따르면, 이 시스템은 세련된 안경 형식으로 실현될 것인데, 이 안경은 가상현실의 내용도 뇌-컴퓨터 인터페이스에 공급할 수 있다.

그렇다면 이 장치는 실제로 어떻게 사용될까? 가령, 복도에서 한 지인을 만났는데, 이름이 떠오르지 않는다고 상상해보라. 당신은 속으로 열심히 생각한다. "이 사람 이름이 뭐였지?" 장치가 이 질문을 알아듣고 얼굴 인식을 통해 이름을 검색하여 안경에 띄운다. 그렇게 당신은 (그리고 지인도) 이름을 몰라 생길 수 있는 당혹스러운 일을 피하게 된다.

이런 시스템을 어떻게 실현할 수 있을까? MRI는 그 무게만으로도 이 목적에 적합하지 않다. 상용화를 하려면 더 가볍고 이동이 가능한 다른 장치를 이용해야 한다. 전극을 두피에 부착하여 뇌의 전기적 활성화를 측정하는 EEG 같은 장치(5장 참조), 즉 상업적으로 사용 가능한 이동형 EEG 시스템은 이미 있다. 이 장치는 쉽게 구할 수 있고 쇼핑 같은 일상적 활동을 할 때 착용이 가능하다. 그러나 EEG 기반의 뇌-컴퓨터 인터페이스는, 임의의 생각과 명령을 뇌 활성에서 읽어내는 것과는 거리가 아주 멀다. EEG에서는 우리가 생각할 수 있는 다양한 단어와 의미가 충분히 구별되지 않아, 높은 적중률로 읽어낼 수 없다.

뇌-컴퓨터 인터페이스는 트릭을 쓴다. 당연히 당사자의 도움 없이 그 사람의 생각을 읽으면 좋겠지만, 읽어야 할 중대한 생각이 명확히 도드라지지 않으면, 읽기 편한 신호로 바꿔달라고 당사자에게 청할 수밖에 없다. 예를 들어 몸동작은 EEG로 정확히 읽을 수 있다. 왼손 혹은 오른손을 움직이면, EEG는 신체 양편의 각각 다른 특성을 측정한다. 컴퓨터로 이것을 읽을 수 있고, 그러면 EEG만으로도 그 사람이 움직이기 직전임을 알아낼 수 있다. 움직임을 단지 상상만 할 때도 가능하다.

뇌-컴퓨터 인터페이스는 생각과 명령을 뇌 활성에서 직접 읽지 않고, 장치를 조종하기 위한 움직임을 상상하게 하고 그것을 이용한다. 예를 들어, 생각의 힘으로 모니터의 커서를 조종하려

〈그림 36〉

현재 EEG 입력기는 아직 생각을 곧바로 읽지 못한다. 입력하려는 단어를 먼저 특정 동작 순서로 바꾼 다음, 그 동작을 상상해야 한다.

면, 가로(x축)와 세로(y축) 두 방향으로 움직일 수 있어야 한다. 왼손을 움직인다고 상상하여 x축 수치를 변경하고, 오른손을 움직인다고 상상하여 y축의 수치를 변경할 수 있다. 컴퓨터가 이런 운동 신호를 읽고, 마치 마우스로 조종되는 것처럼 커서를 움직인다. 이렇게 훈련 단계를 마치면, 이런 방식으로 커서를 훌륭하게 조종할 수 있다.

그러나 다시 한번 아주 명확하게 강조하건대, BCI는 이용자의 생각(예를 들어, 문자 메시지를 작성하려는 마음)을 무작위로 읽지 않는다. 오히려 이용자의 도움이 필요한데, 명령을 문자화하려면 이용자는 오른손 혹은 왼손을 움직이는 상상을 해야 한다. 말하자면 인간과 기계의 밀접한 협력이 요구된다. 인간은 컴퓨터가 EEG에서 읽어낼 수 있는 신호를 만들어내야 한다(〈그림 36〉).

몇 년 전부터 여러 스펠러Speller, 그러니까 알파벳화 도구가 BCI 기술로 실현되고 있는 중이다. 스펠러를 사용할 때 피험자들은 특정 동작을 상상한다. 이때 생성된 EEG 신호가 알파벳을 선택한다. 자동차 내비게이션에 주소를 입력할 때처럼, 필요한 알파벳이 하나씩 선택되어 단어가 완성된다. 뇌전도, 렘수면, 난기류, 구상번개 등 아주 다양한 주제를 연구했던 물리학자 에드먼드 드완Edmond Dewan이 1960년대에 이미 첫 번째 시도를 단행했었다. 그는 피험자들에게 뇌 활성의 특정 파동, 즉 EEG의 알파 신호 조종법을 가르친 후, 이 신호를 강도에 따라 모스부호로 바꿨다.[4] 짧은 알파파는 점으로, 긴 알파파는 선으로 표현했다. 비록 실시간 데이터 분석이 당시에는 아직 불가능했지만, 적중률이 꽤 높았다.

최근 이런 기술로 스펠러만 개발된 것은 아니다. 이런 신호는 장애인들이 휠체어를 조종하는 데도 사용이 가능하다. 또한, 슬롯머신의 레버도 당길 수 있고, 게다가 실시간으로 가능하다.

EEG는 MRI보다 장점이 훨씬 더 많다. EEG는 이동이 가능할 뿐
아니라 가볍고, 장치를 실시간으로 조종할 수 있다.

생각으로 하는 게임

게임업계 역시 BCI에 관심을 보이는데, 조이스틱이나 조종
기를 통하지 않고 생각으로 게임 콘솔을 조종하게 하고자 한다.
BCI는 완전히 새로운 게임 세대를 전망한다.

그런 시스템은 이미 시장에 나와 있다. 이동이 가능하고 간단
히 사용할 수 있는 EEG 모자도 구매 가능하다. 그러나 빠른 EEG
신호도 게임에서는 속도에 한계를 보인다. 게임의 경우 전통적
조종기와 조이스틱이 EEG 신호보다 더 빠르고 정확하게 조종할
수 있는데, 인간의 운동계는 시간적으로 매우 세밀하게 작업하기
때문이다. 예를 들어, 바이올리니스트가 니콜로 파가니니Niccolò
Paganini의 〈카프리스 24번Capriccio Nr. 24〉의 아주 빠른 악절을 연주
할 때, 한 음을 약 16분의 1초만 연주한다. 연주자는 각각의 음을
내기 위해, 찰나의 순간에 정확한 시점에 정확히 지판을 짚어야
한다. 그리고 다음 음은 지판의 다른 위치에 있으므로 이 16분의
1초 이내에 손가락 위치를 바꿔야 한다. 숙련된 게이머 역시 이
만큼 빠르게 손가락을 움직인다. 현재 EEG로는 그런 번개 같은
동작을 따라잡지 못한다.

바이오피드백 분야가 게임과 유사하게 BCI를 활용한다. 여기서는 자신의 뇌 신호를 스스로 조종해야 한다. 1970년대에 이미 EEG를 활용하여 이완 상태를 유지하는 시도가 있었다. 이완 상태일 때 알파파가 등장하므로, 알파파의 강도를 높여(5장 참조) 이완 상태를 강화할 수 있으리라는 희망이 생겼다. EEG로 알파파의 강도를 측정하여 계속해서 피험자에게 알려주고, 피험자는 알파파 활성을 높이는 방법을 스스로 찾아야 했다.

이런 바이오피드백 실험은 매우 성공적이었다. EEG 기반의 이완 훈련을 마치자, 알파파에 의한 이완 수준이 처음보다 더 높아졌다. 그러나 다소 씁쓸한 기분이 남았다. 비록 알파파의 강도와 그로 인한 이완 수준이 처음보다 더 높아졌지만, 실험이 시작되기 전 쉬는 시간의 알파파 강도가 훈련 이후의 수준보다 훨씬 높았기 때문이다. 다시 말해, BCI의 도움으로 이완 수준을 실제로 높일 수 있지만, BCI 없이 그냥 이완에 신경 쓰지 않고 편히 쉬는 것이 이완 효과를 훨씬 더 높였다.[5]

통제 환상

물론 BCI 시장에는, 활용 가능성과 상관없이 그저 새로운 기술의 매력을 이용해 매출을 올리려는 기업들도 아주 많다. 2010년에 〈슈피겔Spiegel〉 편집자 힐마르 슈문트Hilmar Schmundt가 내게 게임 하나를 테스트해달라고 부탁해왔다. 광고에 따르면 그 게임은 뇌파로 조종할 수 있었다. 나는 그의 요청을 수락했고, 슈문트는 '마인드플렉스MindFlex'라고 적힌 번쩍거리는 상자를 실험실로 가져왔다. 상자 안에는, 다양하게 세팅할 수 있는 장애물 코스와 파란색 공, 그리고 뇌전도를 측정할 머리띠가 들어 있었다. 이 게임은 송풍기로 공을 공중에 띄우는데, 바람이 셀수록 공은 더 높이 올라간다. 이제 게이머는 생각의 힘으로 바람의 강도를 조절하여 공의 높이를 바꾸면 된다.

이 제품의 생산자의 주장에 따르면, EEG 머리띠가 게이머의 집중력을 측정하고, 집중력이 높을수록 공이 더 높이 뜬다. 긴장을 늦추면 공이 다시 아래로 가라앉는다. 훈련된 게이머는 오직 생각만으로 공의 높이를 조절하여 까다로운 장애물 코스를 통과할 수 있는데, 회전 가능한 원판에 다양한 높이로 설치된 여러 작은 고리를 공이 날렵하게 지나게 해야 한다. 공이 고리를 통과하게 하고 싶으면, 먼저 공을 정확한 높이까지 띄우고 그다음 장애물 코스가 설치된 원판을 손으로 돌리면 된다. 그러므로 이 과제를 수행하려면 두 가지 조종을 조합해야 한다. '생각의 힘'으로 공의 높이를 조절하고, 나머지는 손으로 조종해야 하는 것이다.

실험실 직원들이 대결에 나섰다. 저마다 공을 가장 잘 통제하여 자신의 정신력을 입증하고자 했다. 그러나 금세 눈에 띄었듯이, 집중력과 공의 움직임이 그다지 정확히 일치하지 않았다. BCI에는 원래 세심하게 부착한 전문적인 EEG 전극으로만 얻을 수 있는 양질의 신호가 필요하므로, 우리는 처음부터 이 게임의 작동 원리를 의심했었다. 그리고 이제 그 의심이 더욱 커졌다. 이 게임은 전문적인 EEG 장치가 아니라, 이마를 누르는 금속 막대와 귀에 거는 걸개 두 개를 사용했다. 그런 장치로는 EEG 신호를 결코 측정할 수 없다.

나는 어느 날 저녁 나를 방문한 설치예술가 카를로 크로바토 Carlo Crovato에게 이 이야기를 했다. 그는 즉흥적으로 몇몇 도구를 모아, '마인드플렉스'를 테스트할 수 있는 설비를 만들어냈다. 헤드폰 걸이로 쓰던 플라스틱 인형 머리를 가져와, 두피의 전도성을 모방하기 위해 젖은 수건을 씌우고, 소위 게임을 조종하는 뇌파를 측정할 EEG 머리띠를 인형 머리에 씌웠다. 우리는 마인드플렉스의 스위치를 올렸다. 인형 머리는 인간 게이머와 마찬가지로 잠깐 보정을 거친 후 순순히 게임을 시작했다. 공이 떠올랐고, 인간 게이머와 비슷한 과정을 보여주었다. 그것으로 증명이 끝났다. 공의 움직임은 뇌파와 아무 관련이 없었다. 아마도 공이 우연히 오르내렸을 것이다. 아무튼, 공을 움직이게 한 것은 뇌 활성이 아니었다.

원한다면, 유튜브에서 이 실험 영상을 볼 수 있다.[6] 영상의 댓글에는, 실험 결과를 의심하며, 우리가 어떻게 공을 띄웠을지 추측하는 온갖 이론들이 보인다. 그중에는 다음과 같은 추측도 있다. 우리가 마인드플렉스 기기를 두 개 준비하여, 머리띠 하나는 인형 머리에 씌우고, 다른 하나는 보이지 않는 곳에서 사람이 쓰

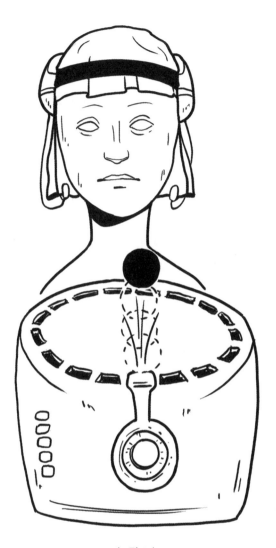

〈그림 37〉

'마인드플렉스'(그림에서는 고리 없이 단순화시켰다)의 기본 아이디어는, EEG 머리띠로 측정한 집중력으로 공의 높이를 조절할 수 있다는 것이다. 그러나 이 장치가 정말로 믿을 만하게 작동하는지 의심스럽다. 플라스틱 인형 머리로도 공을 띄울 수 있었기 때문이다.

고 공을 띄웠다는 것이다.

과학 윤리는 당연히 그런 속임수를 금지한다. 그럼에도 왜 그토록 많은 사람이 (모든 증거에 반하여) '마인드플렉스'가 작동한다고 믿으려 할까? 이 물음이 우리를 떠나지 않았다. 여러 추측이 가능했다. 공이 높이 올라갈수록 송풍기 소리가 시끄러워졌는데, 공을 높이 띄우려면 더 강한 바람을 만들어내야 했으니 당연한 결과다. 혹시 게이머가 소리 강도를 자신의 집중력 강도로 착각했을까? 사실, 우연히 조종되는 송풍기로도 장애물 코스를 완료할 수 있었다. 공을 통과시키고 싶으면 공이 우연히 적당한 높이에 도달할 때까지 기다렸다가 그 순간에 원판을 돌리기만 하면 된다. 통과에 성공하는 순간 사람들은 자신의 능력으로 해냈다고 착각하고 이렇게 생각할 수 있다. "내가 공을 움직여 고리를 통과시켰어. 그러니 EEG 머리띠가 정말로 작동하는 게 틀림없어!"

이런 게임을 너무 진지하게 받아들이거나 너무 많은 것을 기대하지 않는 게 좋으리라. 아무튼, 전문적인 EEG 장치라면 생각의 힘으로 공을 조절할 수 있겠지만, 그러면 게임기 가격이 몇 백 배나 비싸져서 크리스마스 선물로 받기는 힘들 것이다.

'마인드플렉스' 테스트는 이미 2009년 말에 성공했다. 그 후로 EEG와 BCI는 계속해서 발전했다. 오늘날 사적 용도로 좋은 시스템을 저렴하게 구매하는 것이 가능해져서 비록 성능 면에서 전문적 사용에는 미치지 못하지만, 단순한 게임에는 활용할 수 있다. 스타트업 '넥스트마인드NextMind'는 간단히 뒤통수에 댈 수 있고 시각적으로 매력적인 작은 EEG 시스템를 개발했다. 넥스트마인드 관계자는 제품 시연에서, 이 장치로 텔레비전 소리를 조절하고 채널을 바꾸고 게임을 하는 방법을 보여주었다. 이전의 EEG 시스템과 비교하면 매우 큰 진보다.

그러나 걸림돌이 하나 있다. 클릭하고자 하는 위치 혹은 게임에서 발사하고자 하는 위치를 직접 응시해야 한다. 일상생활에서도 어차피 집중하는 곳을 눈으로 응시하게 되므로 건강한 보통의 이용자에게는 이 시스템을 사용하든 사용하지 않든 큰 차이가 없다. 여기에서 BCI의 의미에 관한 근원적 물음이 제기된다. 어차피 시선을 목표에 고정한다면, 뇌 활성보다 차라리 시선의 위치를 측정하는 편이 훨씬 낫지 않을까? 훨씬 더 정밀할 뿐 아니라, 이미 안정적으로 작동하는 이런 장치를 더 저렴한 가격에 구매할 수 있으니 말이다.

생각의 힘 혹은 근육의 힘?

그러므로 뇌 신호로 컴퓨터를 조종하는 것이 과연 필요한지, 필요하다면 언제 필요한지 물어야 한다. 언론 매체는 계속해서 소위 생각의 힘으로 컴퓨터를 조종하는 놀라운 장치를 보도한다. 그러나 자세히 살펴보면 뇌 신호로 작동하지 않는 경우가 대부분이다. '오로지 생각으로' 조종될 수 있고 '뇌가 전송한 신호'를 기

〈그림 38〉

MIT의 알터에고 헤드셋. 생각과 컴퓨터 사이의 흥미로운 인터페이스처럼 보이지만
이 장치는 뇌 신호가 아니라 무의식적 언어 혹은 침묵의 언어로 조종된다.

록하는 '알터에고AlterEgo'라는 이름의 장치가 소개되면(〈그림 38〉
참조)[7], 확실히 유명 과학 잡지의 편집자들조차 혼란스럽다. 매사
추세츠 공과대학MIT 미디어 랩에서 개발한 이 장치를 냉철한 눈
으로 살피기만 해도, 그것이 뇌 활성 측정과 거의 무관하다는 것
을 알 수 있다. 소위 뇌 신호를 포착할 헤드셋을 뇌가 있는 머리
가 아니라 입과 턱 주변에 차기 때문이다.

'알터에고'는 컴퓨터를 뇌가 아니라, 발음기관의 근육과 연결

한다. 그러므로 그림의 장치는 브레인-컴퓨터 인터페이스가 아니라 머슬-컴퓨터 인터페이스MuCI다. 이런 인터페이스는 근전도 검사기EMG를 사용한다. 전극이 근육세포의 전기 신호를 측정한다.[8] MIT의 아르나프 카푸르Arnav Kapur가 개발한 헤드셋은, 속으로 말하는 동안 입 근육의 활성을 기록한다. 분석 알고리즘이 적절한 훈련을 마치면, 이 인터페이스는 근육 신호에서 다양한 명령을 판독할 수 있다. 이제 헤드셋을 쓰고 실제로 리모콘 없이 텔레비전 채널을 바꿀 수 있다. 그냥 명령을 말하는 것처럼 하면 된다. 체스에서도 헤드셋이 인터넷에서 검색하여 기물을 어디로 이동해야 할지 알려줄 수 있으리라. MIT에 따르면, 알터에고의 적중률은 92퍼센트다. 의심의 여지없이 인상 깊은 성능이다. 그러나 이 장치는 이 책에 새로운 통찰을 제공하지 않는데, 뇌과학자에게는 뇌의 명령을 받는 근육세포가 아니라 뇌 활성 패턴에서 곧바로 생각을 읽는 것이 중요하기 때문이다. 신호가 뇌를 떠나는 즉시, 그것은 뇌를 이해하는 데 아무런 공헌도 할 수 없다.

그럼에도 '알터에고' 같은 인터페이스는 실생활 활용에 큰 의미가 있을 수 있다. 명료하고 읽기 쉬운 메시지를 근육이 보내는데, 굳이 복잡하고 측정하기도 어려운 세부 뇌 활성에 집착할 이유가 없지 않겠나? 근육의 측정이 거의 완벽한 정확성을 약속하는데, 굳이 낮은 적중률에 절망할 이유가 무엇이란 말인가? 알터에고처럼 근육 활성을 이용하는 인터페이스의 장점은 여기서 끝나지 않는다.

침묵의 언어를 기반으로 하는 시스템에는 또 다른 장점이 있다. 침묵의 언어는 생각이 정말로 컴퓨터에 전달되었는지를 확인시켜주는 명확한 마커다. 설령 BCI가 모든 생각을 읽을 수 있더라도, 그것들 가운데 어떤 것이 조종에 중요한지를 추가로 전달해야 한다. 그냥 커피를 생각한 걸까, 아니면 커피메이커를 켜고 에스프레소를 내리고 싶은 걸까? 의도하지 않은 행동을 막으려면, 진짜 명령을 알려주는 마커가 필요하다. 시리, 구글, 알렉사 같은 전자 비서에서 알 수 있듯이, '헬로 시리' 혹은 '오케이 구글'이라고 말했을 때 비로소 소프트웨어가 켜지고 우리는 명령을 전달할 수 있다. 우리가 하는 모든 말이 명령으로 전달될 때 어떤 카오스가 벌어질지 상상조차 힘들다. 실생활 활용에 마커는 없어서는 안 되고, 침묵의 언어가 마커 구실을 톡톡히 한다. 침묵의 언어를 통해 무엇이 명령이고 무엇이 아닌지를 (전자 비서에게도) 명확히 알릴 수 있기 때문이다.

2018년에 작고한 물리학자 스티븐 호킹의 사례를 보면, 근육 조종이 뇌 조종보다 얼마나 유용하고 안정적일 수 있는지 알 수 있다. 스티븐 호킹은 운동 신경세포가 서서히 죽어가는 병을 앓았고, 그것 때문에 그는 거의 모든 운동 통제력을 서서히 잃어갔다. 결국, 그는 앞에서 설명한 스펠러처럼 작동하는 장치를 통해서만 겨우 소통할 수 있었다. 소통을 위해서 모든 알파벳이 일일이 개별로 선택되어야 했다. 당연히 단어와 문장을 쓰는 데 시간이 아주 오래 걸렸다. 그럼에도 그가 책을 쓰고 강연을 했다니,

정말 놀랍다. 강연에서 그는 직접 말하지 않고, 인터페이스를 이용해 준비한 글을 컴퓨터가 낭독하게 했다. 그는 유일하게 움직일 수 있는 뺨 근육의 수축을 통해 컴퓨터를 조종했다. 그의 안경에 달린 적외선카메라가 근육의 움직임을 기록했다.

스티븐 호킹은 BCI도 시험해보았지만, 결국 MuCI를 선택했는데, 그것이 더 잘 작동했고 피로감도 덜했기 때문이다.[9] 그러므로 근육을 통제할 수 있으면 근육으로 컴퓨터를 조종하는 편이 더 낫다. 그것이 EEG를 통하는 것보다 훨씬 단순하고 더 안정적이기 때문이다.

그러나 근육 활성을 이용할 수 없는 사례들도 있다. 스티븐 호킹은 뺨 근육을 움직일 수 있었지만, 특정 질병의 경우 운동장애가 극심하여 어떤 근육도 더는 통제할 수 없게 된다. 그런 환자들은 외부 세계와 소통할 가능성을 완전히 상실한 상태다. 깨어 있는 의식과 생각이 움직임과 소통의 가능성 없이 신체 안에 갇혀 있는 상태를 '락트-인 증후군Locked-in syndrome'이라고 부른다. 영화로 제작되기도 한 베스트셀러 《잠수종과 나비The Diving Bell and the Butterfly》에서 프랑스 작가 장-도미니크 보비Jean-Dominique Bauby는 자신이 뇌졸중 후에 어떻게 (거의 완전한) 락트-인 증후군 환자가 되었는지를 이야기한다. 그에 따르면 정신은 여전히 매우 활동적인데, 몸은 잠수종 안에 갇힌 것과 같다고 한다. 바로 그런 환자가 BCI를 통해 외부 세계와 소통할 수 있다면, 그것은 당연히 매우 바람직한 일일 것이다. 실제로 이것을 실현하기 위한 노력이 있어왔다. 그러나 한 걸음을 더 나아가야 한다. 즉, 뇌 신호에 직접 접근할 수 있는 기기가 필요하다. 그러려면 두피와 두개골 덮개를 열어야 할 것이다. 다음 장에서 이런 뇌 침투를 다룬다.

18장
뇌를 침투하다

　현재 뇌과학의 수준은 아직 한계가 있는 것 같다. 뇌 스캐너와 EEG 모자 덕분에 두개골 외부에서 뇌를 측정할 수 있지만, 해상도가 매우 제한적이다. 두개골 내부에서 뇌 신호를 측정할 수 있다면, 훨씬 효율적일 것이다.

　그러나 두개골 내부로 어떻게 들어갈 수 있을까? 동물실험에서도, 뇌 활성의 침습적 측정이 과연 윤리적으로 허용할 만한 일인지 자주 토론된다. 아무튼, 건강한 피험자가 자신의 두개골을 열고 뇌에 직접 전극을 부착하도록 연구자에게 허락하는 일은 없다. 그러나 인간의 뇌 활성을 두개골 내부에서 직접 측정하는 기회가 때때로 생긴다. 예를 들어 뇌 조직의 작은 손상이 발작을 일으키고, 의약품만으로는 이 발작을 제어할 수 없는 특정 간질 환자들의 경우, 진단이나 치료를 위해 두개골을 열고 손상된 조직을 수술로 제거한다. 제거 수술 전에 먼저 손상 부위를 찾기 위해 뇌에 전극을 부착한다. 즉, 수많은 전극이 연결된 판을 드러난 뇌 표면에 올린다. 그다음 다시 두개골을 닫는다. 이후 다시 발작이 있을 때, 전극의 도움으로 발작의 원인인 손상 부위를 찾아낼 수 있다.

이런 환자는 다음 발작이 있을 때까지 병원에 계속 머물러야 하므로, 그동안 실험에 참여하도록 권유할 수 있다. 그들이 실험 참여에 동의하면, 우리 뇌과학자들은 그들에게 다양한 문장을 말하게 시키고 이때 뇌 활성을 기록한다. 이는 환자에게 전혀 힘든 일이 아닌데, 측정하는 동안 환자는 아무 느낌도 없기 때문이다. 이런 방식으로 뇌에서 직접 얻은 뇌 활성 데이터가 생긴다. 당연히 윤리적 이유에서, 전극판을 뇌에 올릴 때는 뇌과학에 무엇이 유용하냐가 아니라 치료를 위해 무엇이 필요한지만 고려한다.

뇌 활성의 침습적 측정은 확실히 EEG보다 양질의 데이터를 제공한다. 이미 많은 연구에서 드러났듯이, 이런 '전기피질 조영술Electrocorticography, ECoG'을 통해 특정 생각을 아주 잘 읽을 수 있다. 샌프란시스코 캘리포니아대학의 에드워드 창Edward Chang 연구팀이 2019년에 ECoG로 촬영한 뇌 활성에서 언어를 판독하는 기술을 개발했다.[1] 여기서도 간질 환자들이 피험자였다. 그들은 문장 수백 개를 말해야 했다.

그러는 동안 뇌과학자들은 각각의 단어와 연결되는 신경 활성 패턴을 찾았다. 이때 그들은 특히 뇌의 운동 센터, 그러니까 발음 기관인 입과 성대 근육에 명령을 내리는 뇌 영역에 집중했다. 분석된 패턴과 일치하는 소리를 합성하여 피험자가 말하려던 문장을 재구성해보았다. 재구성된 문장과 실제 발화된 문장의 일치도는 심지어 최대 90퍼센트를 넘었다.

매우 대단해 보이지만, 이런 좋은 결과가 어떻게 나왔는지를 자세히 살펴보면 금세 감탄이 가라앉는다. 샌프란시스코 동료들은, 피험자의 뇌 활성에서 재구성한 문장을 다른 (건강한) 사람들에게 들려주고 어떤 문장인지 맞히게 했다. 그러나 이때 어떤 문장인 것 같냐고 그냥 묻지 않고, 다양한 단어 혹은 문장의 선택지를 주고, 컴퓨터가 합성하여 발음한 (거의 알아들을 수 없는) 문장과 비슷하게 들리는 것을 고르게 했다.

예를 들어보자. 대략 "가즈… 고즈 … 그즈즈"같은 횡설수설만 들었다면 분명 무슨 말인지 이해하지 못할 것이다. 그러나 "간장 공장 공장장"과 "경찰청 쇠창살" 중에서 고르는 것이라면, 쉽게 정답을 맞힐 것이다. ECoG를 통한 문장 재구성력이 비록 절대적으로 우수하진 않지만,[2] EEG를 통한 재구성력보다는 한참 앞선다.

이런 연구는, 뇌 신호에서 언어를 분별하는 것이 원칙적으로 가능함을 보여준다. 그러나 이런 침습적 기술은 당연히 페이스북이 제안한 BCI 안경 개발의 토대가 되진 못한다. 단지 머리에서 직접 전자 기기로 명령어를 빠르게 전달하기 위해 자신의 두개골을 열고 뇌피질에 전극을 부착하려는 사람은 없을 것이다. 게다가 이미 오늘날 모든 스마트폰에는 성능이 아주 뛰어난 명령 기능이 있다. 현재 스마트폰에 대고 그냥 단어와 문장을 말하면, 애플이나 구글 혹은 아마존의 기술에 의해 화면에 텍스트가 나타난다. 물론, 생각으로 조종하는 BCI 기술에는 장점이 있을 것이다. 예를 들어 수많은 소음이 방해하는 시끄러운 공간에서도 잘 작동할 것이다. 그러나 이런 장점이 건강한 사람의 뇌수술을 정당화하진 못한다.

이런 기술은 아무튼 의료적 활용에 매우 유용하다. '브레인게이트BrainGate'라는 컨소시엄이 현재 하반신 마비 환자를 위한 뇌 임플란트를 연구한다.[3] 간질 환자에게 이식되는 것보다 훨씬 더 작은 특수 전극판이 개발되었는데, 비록 지금까지 극소수 환자에게만 시험이 되었지만, 그 결과는 매우 희망적이다. 이 기술 덕분에 하반신 마비 환자들이 생각의 힘으로 인공 의족을 조종할 수 있다. 그들은 하고자 하는 움직임을 그저 생각하기만 하면 된다. 신체 운동을 위한 신경 명령이 전달되는 운동피질에 직접 전극이 이식되기 때문에, 이것이 가능하다.

그러나 이런 뇌 임플란트는 '커피메이커를 켜줘!' 같은 생각을 분별하지 못한다. 그러려면 뇌 전체가 전극으로 덮여야만 하는데, 현재 기술 수준에서는 불가능한 일이다.

그럼에도 몇몇 개척자들이 이 방향으로 계속 연구한다. 기술

억만장자이자 테슬라 설립자인 일론 머스크는 뇌 전체를 덮을 일종의 신경 그물망인 '뉴럴 레이스Neural Lace'라는 기술을 개발하고자 한다. 이 목적을 달성하기 위해 그는 뇌-컴퓨터 인터페이스를 개발하는 회사인 뉴럴링크Neuralink를 인수했다. 머스크 역시 침습적 방식을 택했다. 즉, 전극을 두피가 아니라 뇌에 직접 부착하여 생각을 읽어내고자 한다. 그것 역시 아직은 공상과학 영화 속 이야기처럼 들리고, 머스크는 때때로 정말로 환상에 사로잡힌 사람처럼 보인다. 그는 인간-기계의 공생 유기체를 상상한다. "대뇌피질과 변연계처럼 인간과 잘 협동할 인공지능 판을 뇌에 이식한"[4] 사이보그를 꿈꾼다. 그러면 인간은 인지적으로 막강해져서, 인공지능에 추월당하는 일을 막을 수 있다. 그러나 이것이 세부적으로 무엇을 의미하고, 뇌와 인공지능 판이 어떻게 업무를 분담할지는 명확하지가 않다.

그러나 머스크는 이미 첫 번째 준비 단계를 마쳤다. 그는 유연한 미니 전극을 개발했고 일종의 재봉틀 로봇으로 이것을 뇌 조직에 꿰맸다. 이 기술은 일단 돼지를 통해 시연되었다. 겉으로 보기에 보통 돼지와 똑같지만, 이 돼지에게는 신경세포의 활성을 측정하고, 주변을 탐색하는 주둥이를 추적할 수 있는 전극이 이식되어 있었다. 이 미니 전극은 매우 흥미로웠지만 애석하게도 뇌피질의 극히 일부만을 덮었다. 동전만 한 조종 장치를 위해 돼지의 두개골 덮개에 구멍을 뚫어야 했다. 내부 깊숙한 곳에 이르는 뇌 전체는 고사하고, 뇌피질 전체를 측정하는 것조차 현재 기술로는 거의 불가능하다.

머스크의 비전에 따르면, 가까운 미래에 새로운 기술이 개발되어 나노 입자를 혈관에 주입하여 뇌에 도달하게 할 수 있다. 나노 입자는 대뇌피질 형식으로 인터페이스를 만들어 뇌와 매끄럽게 잘 맞을 것이다. 이런 '뉴럴 레이스'가 신경의 광범위한 활성을 측정하여 외부 컴퓨터로 전달한다.

일견 흥미진진하게 들리지만, 역시 다소 조잡한 아이디어 같다. 과학적 관점에서, 혈관을 통해 어떤 물질을 뇌에 보내는 계획에는 중요한 장벽이 있다. 혈관과 신경세포 사이에 이른바 혈액-뇌 장벽이라는 넘기 어려운 방화벽이 있기 때문이다. 이 벽은 선택된 일부 물질만 통과할 수 있다. 혈액-뇌 장벽은 중추신경계의 물질교환을 매우 정확히 통제하고, 뇌에 해로운 물질이 들어오지 못하게 막는다. 신경세포 주변의 모세혈관은 아주 가늘어서 혈액 세포 하나만 겨우 지날 수 있다. 매우 민감한 전기화학적 과정이 정상적으로 진행되도록 뇌의 내부 환경을 항상 일정하게 유지하는 방법은 그런 철저한 방어뿐이다.

이런 방화벽에도 단점이 있다. 치료 약물도 이 방화벽을 뚫지 못하기 때문에, 신경 질환 치료가 힘들다. 그러므로 뉴럴 레이스가 혈액-뇌 장벽을 통과하여 장기적으로 안정적인 인터페이스를 구축하려면, 진짜 기적의 물질이어야만 한다.

뇌의 마이크로 해부를 보면, 금세 또 다른 문제들에 봉착한다. 전자현미경으로 촬영한 뇌 조직의 고해상도 사진을 보면, 신경세포들이 얼마나 촘촘하게 얽혀 있는지 알 수 있다. 이물질 조각으로 만들어진 그물망이 끼어들 빈틈이 없다. 100만 분의 1밀리미터 단위의 나노 기술이라도 안 된다.

아무튼, 두 번째 단계는 첫 번째 단계보다 먼저 고려되어야 한다. 어떤 종류의 물질이든 신경세포와 협력하게 하려면, 먼저 뇌가 어떻게 정보를 코딩하는지부터 알아야 하기 때문이다. 말하자면 뇌의 '언어'를 먼저 이해해야 하는데, 그것이 얼마나 어려운지는 앞에서 이미 확인했다. 우리는 아직 그 수준에 한참 못 미친다. 또한, 그런 인공지능 판이 뇌에서 어떻게 에너지를 공급받을 수 있는지(설령 이미 연구되고 있더라도) 아직 해명되지 않았다. 자리와 수명 문제로 배터리는 이미 후보에서 탈락했다. 초음파는 주변 조직을 해치지 않게 강도를 조절할 수 있으므로 어쩌면 초음파를 통한 에너지 공급이 가능할 수 있으리라. 그러나 그것은 뇌에서 이루어지는 자연적 과정에 막대한 공격을 가하게 됨을 의미한다.

이 모든 문제를 해결할 방안을 찾는다 하더라도, 여전히 중요한 문제가 하나 남는다. 이런 인공지능 판을 부착하도록 기꺼이 뇌수술을 허락할 건강한 피험자를 정말로 찾을 수 있을까? 이런 수술의 유용성은 매우 불확실하지만, 이때 예상되는 위험은 매우 확실하다. '신경 먼지Neural dust'라고도 불리는 무수한 나노 입자는, 구조뿐 아니라 이물질로서 신체 조직에 위험한 부작용을 일으킬 수 있다. 비록 나노 입자가 아주 작더라도(혹은 바로 그렇기 때문에), 다양한 방식으로 체세포를 헷갈리게 할 수 있다. 하버드, 케임브리지, 스탠퍼드, 버클리, 시카고 대학의 과학자들이 뇌 조직에 있는 미세 물질의 생물물리학적 효과에 관한 광범위한 보고에서 지적했듯이, 나노 물질이 일단 뇌에 도달하면, 예를 들어 뇌졸중 위험이 상승한다.[5]

해명되지 않은 위험이 존재하는 실험은 윤리적 이유만으로도 사람에게 할 수 없다. 목표가 모호한 실험도 마찬가지다. 그러므로 생각 읽기에 관한 일론 머스크의 몇몇 주장들을 공상과학으로 치부할 수 있다. 그러나 다른 한편으로, 머스크가 꾸준히 일관되게 기술 개발에 힘쓴다고 주장할 수도 있다. 오늘날 이미 온갖 것들이 컴퓨터와 연결되어 있다. 심지어 스마트폰은 촉각으로 전자 세계와 직접 접촉할 수 있게 하고, 뉴스 및 쇼핑 포털이나 SNS와 우리를 연결한다. 전자 시대의 현자이자 현대 미디어 이론의 창시자인 허버트 마셜 매클루언Herbert Marshall McLuhan은 이미 1967년에, "전기회로 기술이 중추신경계의 확장을 가져오리라"고 예언했다.[6] 디지털 시대에 바로 이 예언이 실현된 것처럼 보인다. 그러므로 사실 그것은 인간을 사이보그로 만드는 기술을 향한 일관된 작은 발걸음에 불과하다.

그럼에도 여기에 근본적 한계가 있다. 미래의 신경 인터페이스가 뇌에서 뉴런과 직접 협력하게 된다면, 그것은 인간의 생물학적 완전성을 훼손할 것이다. 그러면 뇌의 정보처리가 더는 뉴런 혼자 일궈낸 결과가 아니기 때문이다. 인간의 생각, 행동, 계획, 의도는 스스로 조종한, 순수한 생물학적 과정의 독점적 결과가 더는 아닐 것이다. 그것은 인간의 진화가 단절됨을 뜻할 것이다. 특이점이 도래할 것이다. 이런 비전이 실현되면, 인류는 지금의 지능 한계를 넘어설 수 있으리라. 그리하여 이런 상상을 또한 '트랜스 휴머니즘'이라고 부른다. 인간은 아마도 예측할 수 없는 결과와 함께 인간종의 한계를 넘어 성장할 것이다.

일론 머스크만 이런 생각을 하는 것이 아니다. 뇌에 관한 일련의 성공적인 발명을 이미 선보였던 레이 커즈와일Ray Kurzweil도, 뇌에 나노 기술 인터페이스를 만드는 상상의 대표자이자 선구자다. 1939년 나치를 피해 오스트리아에서 뉴욕으로 이주한 유대인 가정의 아들은 MIT에서 컴퓨터공학을 공부한 후 인쇄된 문자를 자동으로 읽는 장치를 발명했고, 나중에 이것을 시각장애인을 위한 문자 판독기로 발전시켰다. 커즈와일은 1980년대에 스티비 원더Stevie Wonder를 만난 후, 진짜 악기와 구별할 수 없을 정도로 똑같은 소리를 내는 차세대 신시사이저를 개발하여 유명해졌다.

커즈와일은 트랜스 휴머니즘을 지능 발달과 불멸성의 가능성으로 여긴다. 그에 따르면, 죽음을 극복하려면 다리 세 개를 건너야 한다. 먼저 영양과 운동으로 물질대사를 최적화해야 한다. 커즈와일은 이것을 위해 매일 200알씩 약을 먹고, 이런 약을 생산하는 제약회사도 가지고 있다. 1948년에 태어난 이 미래학자는 이런 방식으로 두 번째 다리에 도달하여, 유전과학이 생명공학과 손잡고 노화로 인한 질병을 치료할 수 있게 되어 인류가 세 번째 다리를 건너기에 적합하게 준비되기를 희망한다. 그다음 단계에서는 나노 로봇이 투입되어 복잡한 생물학적 수선을 담당하고, 미심쩍고 비효율적인 신체 기관을 대체한다.

동시에 커즈와일은 기술 발달의 기하급수적 가속을 예언하는데, 그에 따르면 2045년에 특이점이 온다. 그가 말하는 특이점이란, 인공지능이 모든 영역에서 인간을 능가하는 시점이다. 그러면 인간은 자신의 인격을 인터페이스의 도움으로 뇌에서 다운로드하여 백업해둘 수 있다. 인간은 이제 인공지능과 융합하여 디지털로 계속 살고 그렇게 불멸이 된다.

뇌과학자인 나는 이 지점에서 심각한 의심이 든다. 어떻게 인격을 뇌에서 다운로드할 수 있느냐는 물론이고, 인격이 어떤 영향을 미치고 뇌에서 어떻게 실현될지 완전히 불명확하다. 한 인간의 현재 생각, 즉 인식과 감정을 컴퓨터에 전달하는 것은 커즈와일이 애쓰는 '정신의 백업'만으로는 절대 부족하다. 인격을 제대로 포괄하려면 평생 뇌에 축적된 모든 기억과 지식도 필요하다. 그러나 이 모든 것을 뇌에서 읽어내는 것은, 일론 머스크의 미래 지향적 뉴럴 레이스로도 힘들 것이다.

인간 뇌의 모든 860억 신경세포의 활성을 끊임없이 측정하여 컴퓨터에 전달할 수 있더라도, 인격과 기억을 읽어내려면 아직 갈 길이 아주 멀다. 지금까지의 연구 결과를 보면, 한 인간의 학습 경험은 4장에서 다루었던 시냅스 전달의 강도로 저장된다. 이때 한 신경세포에서 다음 신경세포로 정보를 전달하는 시냅스를,

단자 장치와 소켓을 연결하는 전선쯤으로 상상해선 안 된다. 두 신경세포의 연결이 강할수록, 시냅스의 무게도 더 무거워진다. 많이 사용되는 전화선일수록 더 두꺼운 것과 비슷하다. 그러므로 뇌에 저장된 모든 지식을 읽어내려면, 각 시냅스의 강도 역시 알아야 한다. 전자현미경으로 시냅스의 연결 강도를 측정할 수는 있다. 그러나 그런 측정 과정에서 조직은 생존하지 못할 것인데, 전자현미경 내부는 진공상태이고 아주 강한 전자 광선을 주사하여 조직을 100도 이상으로 가열하기 때문이다. 또한, 이런 측정을 위해서는 조직을 여러 작은 조각으로 분해할 수밖에 없다. 그러므로 단 하나의 세포라도 그 부담이 대단히 높고, 수많은 신경세포와 수천 배 더 많은 시냅스의 수로 볼 때 이것은 감당할 수 없는 수준이다.

그러므로 광범위한 뇌 활성을 외부 컴퓨터와 밀접하게 일치시킬 수 있는 신경 나노 먼지는 아마 존재하지 않을 것이다. 설령 존재하더라도, 내밀한 사고 세계를 정말로 컴퓨터에 공개하고, 그래서 컴퓨터에 접근할 수 있는 모두에게 공개하고 싶은지 먼저 물어야 하리라.

자, 이제 생각 읽기 기술의 윤리적 문제를 토론할 시간이 되었다.

19장

생각으로만 저지른 범죄도
처벌 가능할까?

    1장에서 이미 말했듯이, 우리 대다수는 아무도 접근할 수 없는 정신의 공간이 있을 것이라고 믿는다. 얼마나 위험하고 혹은 얼마나 비난받을 만한지 상관없이, 우리는 그곳에 온갖 생각을 보관할 수 있다. 그곳에 보관만 할 뿐 행동으로 옮겨 범죄를 저지르지 않는 한, 어떤 판사도 생각을 이유로 우리를 재판하지 않는다.

    그러나 브레인 리딩으로 바로 이런 정신적·사적 영역이 위험에 처한다. 법철학자 라인하르트 메르켈Reinhard Merkel은 이것을 심지어 "정신적 가택침입죄"라고 말했다. 실생활에 브레인 리딩을 활용하여 뇌 활성 패턴에서 생각을 읽어낼 가능성은 아직 매우 제한적이다. 그러나 미래에 생각 읽기 기술이 더 안정적으로 발전하면, 우리는 가장 사적인 소망, 희망, 비밀 중에서 무엇을 공개하고 무엇을 감출지 스스로 통제할 수 없게 될 것이다. "생각은 자유, 누가 그것을 알아낼 수 있으랴", "생각은 아무도 알 수 없다"라고 유행가 가사가 주장하지만, 이 노랫말도 시효가 끝난 것 같다.

SNS가 만연한 오늘날에는 당연히 이 문제를 대수롭지 않게 볼 수도 있다. 자기 자신에 관한 온갖 내용을 이미 SNS를 통해 널리 알리고, '좋아요' 하나가 벌써 어떤 사람에 대해 많은 것을 폭로한다면, 굳이 뇌를 판독하려고 애쓸 필요가 있을까? 그러나 그럴 필요가 충분히 있을 수 있다. 전체주의 국가에서 체제에 순응한다는 인상을 주고 싶으면, 대통령의 포스팅에 '좋아요'를 누르고 반체제 인사의 포스팅에 '싫어요'를 누를 것이다. 그러나 이것이 실제 호불호의 표시인지는 명확하지 않다. 뇌에서 직접 생각을 읽을 수 있다면, 숨겨진 비밀(예를 들어 정치적 견해)도 알 수 있으리라.

16장에서 보았듯이, 뇌 활성에서 정치적 견해를 읽어내는 것이 가능하다. 이때 어떤 사람의 뇌 활성에서 정부에 비판적인 견해가 읽혔다고 치자. 만일 독재체제 통치하에 있다면, 그에게는 사형이 선고될 수도 있다. 특히 나치의 경험을 돌이켜보면, 독일에서 사상 범죄를 처벌하는 일이 그리 낯설지 않다. 그러나 현재 독일에서는 범죄를 실제로 저지르지 않는 한, 누구도 단지 범죄를 생각했다는 이유만으로 처벌받지 않는다.

이제 다시 영화 〈마이너리티 리포트〉로 돌아가보자. 아내의 불륜을 알게 된 남편의 상황으로 말이다. 남편은 불륜남과 침대에 있는 아내를 목격하고, 아내를 죽이려 가위를 가져오고, 살해 직전에 체포된다. 그렇다면 어떤 시점부터 남편을 처벌할 수 있을까? 아직 행동으로 옮기지는 않았지만, 살해를 확고히 결심했을 때? 하지만 아직까지는 생각일 뿐이므로 처벌할 수 없을 것이다. 그렇다면 남편의 행위는 언제부터 범죄일까?

A 아내가 바람을 피우고 있다는 사실을 '발각하기도 전에', 그의 뇌에는 이미 이 사실을 아는 즉시 살인을 저지르겠다는 결정이 내려져 있을 때?

B 아내가 바람을 피우고 있다는 사실을 알고 아내를 죽이고 싶다고 '생각할 때'?

C 아내를 죽이기로 '확고히 결정했을 때'?

D '살인을 계획'하고, 범행 때 쉽게 꺼내올 수 있게 가위를 침실에 준비해둘 때?

E 침실에 가서 준비해뒀던 가위를 손에 들고 '범행을 실행할' 확고한 의도를 가졌을 때?

F 가위를 가져와 휘둘러, '돌이킬 수 없는 지점'을 넘어, 돌이킬 수 없는 행위를 시작했을 때?

G '행위가 실행되어' 아내를 찔렀을 때?

아내가 바람을 피우고 있다는 사실을 알기도 전에, 혹여 그가 알게 되어 살인을 저지를 것임을 완벽하고 확실하게 예언할 수 있다면, A 시점에서 남편을 처벌해도 될까? 그것은 당연히 불공

범죄의 다양한 단계. 우선, 교육 부족 같은 다양한 요인 때문에 범행에 어느 정도 취약한 사람이 있다. 배우자가 바람을 피우는 것 같은 구체적 상황에서, 이 사람은 범행을 진지하게 고려한다. 그리고 특정 시점에 범행을 결심한다. 이때 범행을 치밀하게 계획하고 준비한다. 설령 이 사람이 행위를 시작했더라도, 갑자기 목격자가 등장하는 등 변수가 생기면 이 행위는 아직 돌이킬 수 있다. 그러다가 언젠가 범행을 더는 멈출 수 없는 지점(Point of no return)에 도달한다. 그다음 범행이 완료된다. 그렇다면 어느 시점부터 어떤 행위가 '처벌 가능한' 범행일까? 범행이 그저 생각에 머물더라도 범행이 결심된 순간부터 처벌이 가능할까? 아니면 범행을 더는 돌이킬 수 없는 시점이 되었을 때라야 처벌이 가능할까?

정해 보인다. 남편 자신도 구체적 범행을 결심할 것을 자각하지 못했기 때문이다. 남편의 고유한 주관적 관점에서 보면, 그는 완전히 무죄다. 쉽게 범죄를 저지를 수 있는 성향을 이미 생각 범죄로 간주하더라도, 이때의 생각은 사실 그저 '무의식적 생각'일 뿐이다.

그러나 독일 법체계에서도 특정 사례에서는, 아직 생각조차 하지 않은 행위로도 인신을 구속할 수 있다. 상당한 위험을 초래하는 상습범일 경우 그렇다. 독일 형법 제66조는 "자신의 습벽으로 피해자에게 정신적 또는 신체적으로 중하게 침해를 주는 중범죄를 범할 위험이 있는 사람"에 대해 그럴 수 있다고 말한다. 이 사람은 새로운 범죄를 계획하지 않고도 예방 차원에서 인신구속을 선고받을 수 있다. 입법부는 정신적·통계적 예측을 구속의 근거로 삼고, 어떤 범죄가 언제 발생할지를 100퍼센트 정확히 예측하기를 요구하지 않는다.

남편이 살인을 생각한 B 시점은 어떨까? 이것을 생각 범죄로 간주하고 그것을 이유로 처벌해야 할까? 나치 시절에 히틀러를 죽일 생각이 발각되었더라면 (아마도 일기장에 적은 생각이 발견되었더라도) 분명 처형되었을 것이다. 이 경우도 순전히 생각 범죄일 뿐이다.

남편이 확고한 결정을 내린 C 시점에는, 누군가 개입하지 않는다면 범행을 저지를 것이 확실하다. 어쩌면 이 시점에서는, 범행을 확고히 결정했으므로, 남편을 처벌할 것을 깊이 고려해볼 수 있으리라. 이런 확고한 결정이 과연 처벌받아 마땅한 범죄일까? 형법은 아니라고 답한다. 놀랍게도 현재의 법체계에서는 처벌 위험 없이 훨씬 더 멀리 나갈 수 있다. 범행 준비는 이미 생각 단계를 넘어 구체적 행위로 접어들지만, 살해에 쓰기 위해 가위를 숨겨두는(D 시점) 명확한 준비 행위조차 처벌받을 근거로 충분하지 않다. 결정을 내린 뒤 정말로 '실행했을 때', 그러니까 배신당한 남편이 침실로 가서 가위를 가져와 살인을 저질렀을 때, 비로소 범행에 대한 처벌이 가능하다. 이때는 더 이상 생각 범죄가 아니다.

따라서, 브레인 리딩으로 C 시점에서 범행 결심을 100퍼센트 확실하게 읽어낼 수 있더라도, 현행법으로는 처벌할 수 없다. 즉, 우리의 법체계는 생각 범죄를 처벌하지 않는다. 단, 국가를 위험에 빠트리는 심각한 행위는 예외인데(독일 형법 제307조), 이 경우에는 준비 단계에서 이미 처벌이 가능하다. 그러므로 테러리스트가 공항 보안 검색대에서 생각을 읽혀 테러 계획을 들키면, 곧바로 체포될 수 있다.

생각 범죄가 좁은 의미에서 처벌될 수 없더라도, 근래에 사회는 잠재적 범행자의 생각을 읽는 것에 큰 관심을 보인다. 과거에 종종 사람들은 잘못된 생각을 이유로 처벌을 받았고, 국가는 용의자의 생각을 알아내기 위해 당사자의 동의도 없이 다소 미심쩍은 시도들을 수없이 단행했었다. 독재정권이나 조지 오웰의 《1984》에 나오는 허구의 '빅 브라더'를 통해서만 그런 일이 저질러졌던 것은 아니다. 20세기 전반기에 일본에는 '공공 안전에 관한 법률'이 있었다. 이 법률에 따르면 국가에 적대적 견해만 가져도 처벌될 수 있었다. 색출과 추적을 목적으로 별도의 사상경찰도 존재했다. 아마도 당시에 신경학적 브레인 리딩 기술이 있었더라면, 일본 정부는 이 기술을 환영하고 활용했을 것이다.

현대의 몇몇 권위적 정권도 분명 감춰진 의도를 알아내는 데 큰 관심을 가졌으리라. 그런 정권이 현재 얼마나 열성적으로 인터넷에서 국민의 개인 정보를 수집하는지 보면, 충분히 짐작할 수 있다. 현재 법체계에서는 브레인 리딩으로 읽어낸 범죄 의도를 대부분 처벌할 수 없다.

20장

브레인 리딩을
어디까지 허용해도 될까?

앞에서 살펴보았듯이 뇌 활성에서 생각, 기억, 감정, 제품 선호도, 정치적 견해 등을 알아낼 가능성은 상당히 높다. 물론, 현재 브레인 리딩의 결과는 제한적이고, 실생활에 활용하기에는 아직 부족함이 많다. 그럼에도 미래를 위해 묻는다. 브레인 리딩에서 우리는 무엇을 얻게 될까?

인류는 역사 속에서 생각이라는 비밀의 방에 침투하기 위해 온갖 끔찍한 방법을 써왔다. 고대부터 강제로 비밀을 캐내기 위해 고문을 했다. 최근에도 미군은 기본 인권을 침해했고, 포로에게서 정보를 빼내기 위해 워터 보딩Waterboarding(머리에 봉지를 씌우고 봉지 안에 물을 붓는 고문―옮긴이주) 같은 고문 기술을 사용했다.

이 사건은 국제적으로 크게 문제가 되었다. 독일에서도 2002년에 프랑크푸르트 경찰차장 볼프강 다슈너Wolfgang Daschner가 납치 용의자 마그누스 개프겐Magnus Gäfgen에게 납치된 아이의 소재를 밝히지 않으면 고문을 가하겠다고 협박했을 때, 이를 두고 격렬한 토론이 벌어졌다. 다슈너는 당연히 고문 협박이 불법임을 알았지만, 아이의 생명을 구하기 위해서는 이런 불법 행위도 정당화할 수 있다고 여겼다. 이것 역시 당사자의 동의 없이 범인의 생각에 침투하여 아이의 소재를 알아내는 일이었다. 당시에 브레인 리딩 기술을 활용할 수 있었더라면, 어땠을까?

이처럼 타인의 생각을 알아내려는 시도는 계속될 것이다. 생각 침투가 반드시 폭력적인 방향으로 진행되는 것은 아니다. 20세기에 스코폴라민Scopolamin 같은 이른바 '진실의 약'이 집중적으로 연구되었다. 이 약물은 비밀 정보요원뿐 아니라 소송에서도 널리 사용되었다. 지금까지도 용의자와 범인의 숨겨진 생각을 알아내기 위해 온갖 노력이 기울여지고, 때로는 진실의 약 사용도 고려된다.[1]

사적 사고 세계에 침투하려는 또 다른 사례는 거짓말탐지기다. 1970년대에 미국에서는 폴리그래프가 널리 퍼졌었다. 여러 기업이 거짓말탐지기를 출시했고 높은 매출을 올렸다. 예를 들어, 마트 같은 곳에서 정산이 틀리거나 상품이 없어지면, 사장이 폴리그래프로 직원들을 검사하기도 했다. 이때 검사를 거부하면 도둑으로 몰렸다. 이것은 1988년에 마침내 '직원 거짓말탐지기 보호법'을 통해 종말을 고했다. 그 후로 미국에서 기업의 거짓말탐지기 사용이 금지되었다. 그러나 여러 예외가 허용되었다. FBI와 CIA 같은 특정 국가기관에서는 오늘날까지도 거짓말탐지기 사용이 허용되고, 기술 수준에 대한 근본적 비판에도 불구하고 여전히 빈번하게 사용된다. 심지어 사우스캐롤라이나 포트 잭슨에는 '국립신용평가센터National Center for Credibility Assessment, NCCA'라는 거짓말탐지 전문 기관이 있다.

그러나 거짓말을 밝혀내기 위해 굳이 거짓말탐지기를 사용하지 않아도 된다. 2014년 1월 초에 스위스에서 내게 기이한 문의가 들어왔다. 스위스 방송국 SRF의 공개 토론에 참여해달라는 요청이었다. 당시 장애연금을 담당하는 스위스의 한 보험 회사가 연금 지급 결정의 신뢰도를 높이기 위해 EEG를 사용했다. 그런데 보험 가입자가 우울증으로 경제활동을 더는 할 수 없다며 연금 지급을 요구한 사례가 있었다. 이 보험 가입자에게 매월 장애연금을 지급하기가 재정적으로 부담이 되었던 보험 회사는 혹시 모를 남용과 무엇보다 다른 보험 가입자의 이익을 위해 EEG 사용을 단행했다.

이 보험 회사의 경우 새로운 연금 신청의 60퍼센트가 정신질환을 근거로 했다. 보험 회사는 가능한 한 신뢰할 만한 판단 기준을 원했고, 이를 위해 EEG 측정을 활용했다. 이때 EEG는 그저 '양팔 저울의 기울기' 구실만 할 뿐, 포괄적인 정신의학 및 신경과학적 조사를 대체하지는 못했다. 나는 SRF에 이런 나의 의견을 전달했고, 곧이어 취리히에서 열린 '스위스 RE 보험사' 회의에 참석하여 내 견해를 다시 밝혔다. 뇌 기반의 그런 절차를 시행하기에는 아직 기술 측면에서 많이 부족하다고 말이다. 다행히 과학계와 대중의 압력으로 이런 모호한 관행은 즉시 끝났다. 그 후로 보험 회사는 보험금 지급 결정에 활용하기 위한 뇌 측정을 그만 두었다.

그럼에도 이 사례는 정신을 객관적으로 측정하여 진술의 진실성을 확인하는 것이 경제적·법적으로 얼마나 유용한지를 보여준다. 예를 들어, 사고 희생자가 만성 통증을 호소하고, 그것이 보상금을 받을 근거로 충분한지 객관적으로 판단하고자 한다면, 신경학적 통증탐지기(11장 참조)가 보험 회사에 유용할 수 있으리라. 물론, 여기서 근본적 물음이 생긴다. 어떤 환자가 통증을 호소하지만, 컴퓨터는 뇌에서 어떤 통증 표시도 발견하지 못한다면, 누구를 믿어야 할까? 컴퓨터의 오류로 보고 새롭게 훈련해야 할까? 보험금이 아주 높다면, 때때로 환자의 말을 믿지 않을 수도 있을까? 이런 까다로운 질문들이 보여주듯이, 이런 기술을 활용할 생각을 하기 전에 먼저 적중률을 100퍼센트로 만드는 일이 대단히 중요하다.

현재 독일에서는 이런 측정을 허용하지 않는다. 그럼에도 브레인 리딩 기술은 계속 발전하고, 그래서 동의 없이도 생각을 읽어낼 수 있는 미래가 올지도 모른다. 그러면 객관적 진실을 찾게 해주고 범죄 퇴치에 확실히 효과적인 도구가 생기리라. 그런 때가 도래해도 이런 기술을 활용하지 말자는 주장이 과연 나올까?

그러나 여기서 끝이 아니다. 아직은 그런 기술이 완료되지 않았다. 그러므로 우리가 정말로 그런 기술을 원하는지 아직 대화할 여지가 있다. 이때 윤리적·법적·신경과학적 견해를 들어야 하고, 궁극적으로 브레인 리딩 활용을 명확히 규정하고 법적 구속력도 갖춘 형식이 개발되어야 한다.

부차 정보의 문제

SNS 이용자들은 자발적으로 사적 정보를 디지털 매체에 공개한다. 페이스북에 올리는 포스팅 혹은 '23andMe' 같은 유전자 분석 회사에 전달한 유전자 정보들은, 우리가 모르는 사이에 윤리적으로 의심스러운 목적에 사용될 수 있다. 페이스북이 이용자 프로필을 팔거나 '23andMe'가 개인의 발병 확률이 담긴 유전자 정보를 회사 서버에 저장하면, 이들은 잠재적으로 오남용이 될 가능성이 크다.

여기서 '부차 정보'가 특히 문제다. 부차 정보란 의도치 않게 폭로된 사적 정보를 뜻한다. 페이스북에서 무지개 깃발이 있는 술집을 보고, 즉흥적으로 '좋아요'를 누르면, 사람들은 그저 이 술집에 공감을 표현했다고 생각하겠지만, 어쩌면 페이스북은 패턴 식별로 이용자의 성적 지향을 알아낼지 모른다. '23andMe'에 타액 형태로 유전자 정보를 주고 돈을 내면, 유전자 분석표와 특정 질병에 걸릴 확률을 알 수 있다. 이 데이터가 보험 회사로 들어가면, 어쩌면 이 보험 회사는 높은 발병 위험을 이유로 계약을 거부할지도 모른다.

뇌 데이터도 마찬가지다. 특히 뇌의 해부학적 구조를 보여주는 MRI 영상에서 다양한 질병을 알아낼 수 있다. 예를 들어, 베른슈타인 센터에서 우리는 그런 데이터를 통해 어떤 사람이 다발성 경화증 혹은 알츠하이머를 앓게 될지 예언할 수 있다. 그러니까 우리는 기본적으로 MRI를 브레인 리딩 연구에 사용하여 발병 확률을 계산할 수 있다. 샤리테 같은 대학연구소는 피험자가 동의할 때만 뇌 데이터를 사용하도록 엄격히 제한하고 감시한다. 피험자가 동의하지 않은 분석은 기본적으로 할 수 없다. 그러나 신경 마케팅 실험을 시행한 상업 기업이, 피험자의 MRI 데이터로 질병을 연구한 다음, 그 데이터를 판매하지 않는다고 누가 보장하겠나?

그러므로 브레인 리딩 기술과 데이터 사용에 관한 법적 규제가 시급히 필요하다. 그러나 그전에 근본적인 질문이 있다. 우리는 어떤 기술을 허용하고자 하는가? 더 정확히 표현해서, 우리는 그런 기술로 무엇을 하고자 하나? 마비 환자가 다시 팔다리를 움직이거나 생각으로 편지를 쓸 수 있게 하는 뇌-컴퓨터 인터페이스처럼, 환자에게 중요한 도움을 줄 수 있는 브레인 리딩 기술이 있다. 이런 경우라면, 사고 세계에 진입하는 것이 허용될 뿐 아니라, 심지어 매우 바람직하다. 단, 뇌-컴퓨터 인터페이스가 환자의 이익에 반하여 정보를 읽어내는 데 남용되지 않아야 한다. 은행 카드의 핀 번호 같은 사적 비밀을 뇌-컴퓨터 인터페이스에서 읽어내는, 이른바 '부채널 공격Side Channel Attack'에 대한 첫 번째 실험이 이미 있었다. 비록 적중률은 높지 않았지만, 적어도 여기에 위험의 원천이 잠재해 있음이 명확해졌다.[2]

핵심은 환자나 피험자에게 동의를 받아, 명확히 규정된 목적에 뇌 데이터를 사용하는 것이다. 어떤 남용도 불가능함이 절대적으로 보장되어야 한다. SNS에서 저질렀던 실수를 여기서 반복해선 안 된다. 그리고 명확히 동의받지 못한 데이터는 어디에도 사용할 수 없게 철저히 막아야 한다. 남용은 당연히 엄격히 처벌되어야 한다. 동의 없이 직원에게 거짓말탐지기를 쓴 기업은 미국에서 현재 2만 1,000달러를 벌금으로 낸다. 입법을 통한 효과적 억제는 분명 이것과는 다른 모습일 것이다.

에필로그

　우리는 윤리적 차원에서 브레인 리딩의 잠재 위험성을 명확히 짚을 뿐 아니라, 기술적 차원에서 미래에 무엇이 가능하고 무엇이 불가능한지를 현실적으로 가늠할 필요가 있다. 신경학적 생각 읽기의 기회만 강조할 것이 아니라 그것의 한계 역시 논의되어야 한다. 한계를 진지하게 생각하는 것은 염세나 자학이 아니라 실용적이고 발전적인 논의다. 한계는 가장 유익한 다음 프로젝트가 무엇인지 보여주기 때문이다. 현재 무엇이 한계인가? 오늘날 우리는 당면한 브레인 리딩의 한계를 극복할 수 있을까? 내가 보기엔 뇌과학자들이 브레인 리딩의 가능성과 한계를 아무리 상세히 알리더라도, 언론 매체들이 계속해서 과도하게 들뜬 기대를 조장하는 것 같다. "이 기계는 당신의 생각을 알아낼 수 있다!" 이런 종류의 보도가 너무 흔하다. 이런 과장이 저널리즘의 본성인 것 같다. 독자들은 객관적 사실보다 과장된 이야기를 훨씬 더 좋아하는 것 같다.

도대체 왜 사람들은 뇌과학의 실용성을 기꺼이 과대평가할까?
연구에서 드러났듯이, 사람들은 심리학 주장에 신경과학 이론과
뇌 사진이 더해져 소위 객관화되면, 그것으로 폭넓은 정보가 전
달되지 않더라도, 일단 더 신뢰하는 경향이 있다. 그래서 때때로
신경과학적 해명은 '매혹적 매력'이라 불리기도 한다.[1]

　　또한, 일반 대중이 과학적 연구 결과의 적용 범위를 정확하게
가늠하기는 확실히 힘들다. 사례를 하나 살펴보자. 어떤 약물이
쥐 실험에서 종양이 자라는 속도를 늦출 수 있음이 입증되었다
면, 이 약물이 정말로 쥐의 종양을 영구적으로 제거했는지, 인체
에도 효능이 있을지, 심각한 부작용은 없는지 등이 아직 완전히
밝혀지지 않았음에도, 언론 매체에는 벌써 "새로운 암 치료제—
암 환자에게 희망이 생겼다!" 같은 헤드라인이 등장한다.

　　그래서 2000년대에 의학 분야에 이른바 '중개 연구'가 등장했
다. 이 연구는 기초연구에서 얻은 지식을 환자 치료로 이어지도
록 하는 것을 전문으로 한다. 일반인들은 이런 중개 노력을 종종
과소평가하지만, 특히 약물은 여러 단계의 복잡한 임상 시험이
필수다. 이 과정은 최대 10년까지 걸릴 수 있다. 이 과정에서 심
각한 부작용이 발견되면 이 연구는 언제든지 실패로 종결할 수
있다.

　　우주선 연구에도 비슷한 문제가 있다. 여기서도 새로운 응용
분야를 개척할 수 있는 새로운 기술이 실험실에서 개발된다. 예
를 들어, 매우 안정적인 세련된 나노 튜브를 이용해 우주로 가는

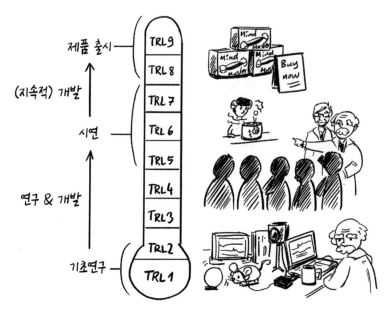

나사의 '기술성숙도'는 어떤 기술의 상용화 준비도를 나타낸다. TRL 1은 기술의 기본 원리를 탐구하는 기초연구 단계. 동료과학자들에게 원형을 시연할 수 있으면, 중간 단계에 이른 것이다. 안정적으로 과제를 수행하는 시리즈 제품을 생산하면 비로소 최종 단계(TRL 9)에 도달한다. 현재 브레인 리딩 기술은 초기 연구 단계에 있다. 다시 말해 구체적이고 안정적인 활용까지는 아직 많은 연구가 필요하다. 현재 우리에게 남은 중요한 과제는, 과도한 들뜸 없이 현실적으로 발전 상태를 소통하는 동시에 윤리적으로 문제가 될 만한 발전을 제때에 지적하는 균형 잡기다.

엘리베이터를 만드는 아주 세밀한 계획이 마련되었다.[2] 이 분야 역시 기초연구 단계에서 활용 단계까지 가는 중개 연구 과정이 매우 힘들다. 미 항공 우주국 나사NASA의 평가에 따르면, 원형이 완성된 후 구체적 활용을 테스트하는 시점부터, 총 개발 비용의

90퍼센트가 들어간다.[3] 개발에서 가장 힘든 단계는 확실히 상용화 단계다. 그러므로 신경과학에서도 섬세하고 안정적이며 신뢰할만한 개발 과정이 아주 오래 걸릴 수 있다. 그 사실을 무시하고 환상에 빠져선 안 된다.

기술의 성숙도를 더 명확히 평가하기 위해, 나사는 1960년대에 이른바 '기술성숙도Technology Readiness Levels, TRL'를 도입했다.[4] 이는 혁신 기술을 아홉 단계의 성숙도에 각각 배정하는 도식 체계를 갖추는 것이 목표였다. 기술이 기초연구 아이디어 상태면 성숙도는 아주 낮다(TRL 1). 그것이 실생활에 안정적으로 활용되면 당연히 성숙도는 아주 높다(TRL 9). 이런 기본적인 도식 체계는, 뇌과학 기술에서도 실험실의 브레인 리딩과 빈번히 추측되는 상용화 사이의 격차를 이해하는 데 도움이 된다.

거짓말탐지, 신경 마케팅, 정신질환 진단 같은 대부분의 응용은 이제 겨우 가장 낮은 성숙도에 안착했다. 이것은 실험실 시연 단계이고, 신뢰할 만한 상용 제품을 시장에 출시하려면 엄청난 돈, 시간, 아이디어, 인력의 투입이 필요할 것이다. 반면, 뇌 자극기는 오늘날 이미 병원 신경과에서 활용할 수 있다. 파킨슨병 환자에게 자극기를 이식하여 일상적 움직임을 개선할 수 있다. 이 기술은 이미 TRL 9에 도달했다.

가까운 미래에 신경 의수족에서 큰 진보를 이루고, 척수 손상 환자들이 다시 팔다리를 제어할 수 있는 날은 완전히 기대해도 된다. 이런 기술은 아직 시장에 나올 만큼은 아니지만, 이미 해당 환자에게 구체적 임상 시험을 했고 어느 정도 성공적이었다. 이 기술의 TRL은 대략 5~6이다.

일론 머스크와 레이 커즈와일이 꿈꾸는, 임의의 생각을 읽는 보편적 뇌-컴퓨터 인터페이스는 아직 TRL 1에도 도달하지 못했다. 말하자면 현재 그것은 순전히 허구다. 그것이 가능하려면 뇌 활성의 국소 측정이 필요할 뿐 아니라, 뇌 과정의 다층적 파악이 필요한데, 현재 기술로는 그것이 전혀 불가능하기 때문이다.

그러나 언젠가는 가능해지지 않을까? 그러면 늦어도 그때는 과학자들의 책임이 막중해진다. 과학자들에게는 이 기술의 현실적 가능성, 한계, 모호성, 위험성, 윤리적 우려를 대중에게 알릴 책임이 있다. 생각 판독기가 상용되는 날이 오면, 인류에게도 어느 정도 변화가 있을 것이다. 따라서 마음의 안락한 평화를 깨지 않기 위해 사회가 과학을 제한할 우려가 있는 위험을 알리는 것 역시 우리 과학자들의 몫이다.

미주

1장

1 www.fr.de/wissen/liebe-wohnt-11483093.html

2 www.fr.de/frankfurt/glaeserne-gehirn-11450892.html

3 사고 세계를 해명하기 위해 뇌만 탐구하면 되는지 다른 신체 기관도 필요한지는 여전히 논쟁이 뜨겁다. 이 책에서는 일단 다른 신체 기관은 제외하고 뇌에만 집중하는데, 지금까지 뇌 이외의 신체 기관과 생각의 연관성이 입증된 적이 없기 때문이다. 가까운 미래에 뇌와 다른 신체 기관의 상호작용 차원에서 생각을 더 많이 연구하여, '직감'과 '심장박동'의 관계를 더 잘 이해할 수 있게 될지 기대가 된다.

4 J. W. von Goethe, Funfter Band, *Die großen Dramen*, Augsburg 1998, S. 297

5 더 정확히 말하면, 이것은 '이원론과 비환원론' 차원의 확신을 말한다. 그러나 이 책에서는 이런 차이점을 다루지 않는다.

6 이것은 당연히 매우 단순화한 분류인데, 뇌 과정을 통한 정신 해명과 양립할 수 있는 견해가 다양하게 많기 때문이다. 일원론의 입장 역시 다양하게 분화되고 심지어 이들끼리 상호 배타적이기도 하다. 예를 들어, 사고 세계의 실존만을 주장하는 일원론인 이상주의와 신경과학적 일원론은 대치되는 입장이다.

2장

1 Platon: *Die großen Dialoge*, Köln 2013, S. 60.

2 Ebd., S. 61.

3 Ebd., S. 61.

4 기독교의 사후 세계에 관한 설명은 매우 복잡하고, 기독교의 역사 흐름에서 많은 변화가 있었다(Bart Ehrman: *Heaven and Hell*, New York 2020 참조).

5 당연히 데카르트 이전에도, 이런 물음을 던졌던 과학자들이 있었다. 그러나 그중에서도 데카르트는 최근까지도 서양 철학에 막대한 영향을 미친 인물이다. 육체와 영혼의 관계에 관한 역대 견해의 개요를 다음의 책에서 읽을 수 있다. B. J. Kim:

Philosophy of Mind, New York 2011.

6 R. Descartes: *Uber den Menschen*, Heidelberg 1969, S. 44.

7 H. Lesch, W. Vossenkuhl: *Die großen Denker. Philosophie im Dialog*, Munchen 2012, S. 397.

8 솔방울샘에 대한 데카르트의 '이원론적이고 상호작용론적인' 관점은, 여느 교재에 적힌 것처럼 그렇게 항상 일관되지는 않다. 데카르트는 때때로 이렇게 주장한다. 신체와 영혼의 교환에서 솔방울샘이 항상 가장 중요한 역할을 하지만, 영혼은 신체 전체와 연결되어 있다. 《스탠퍼드 철학 백과사전(Stanford Encylopedia of Philosophy)》도 영혼과 뇌에 관한 데카르트의 모호한 이해를 다음과 같이 설명한다. "데카르트의 정신 철학은 그보다 먼저 정립된 모든 이론을 반사하고, 그보다 이후에 개발된 모든 이론보다 앞선다. 정신과 육체의 관계에 대해 과거에 제안되거나 토론되었던 모든 이론을 반사하는 다면의 다이아몬드다."

9 R. Descartes: *Abhandlung über die Methode des richtigen Vernunftgebrauchs und der wissenschaftlichen Wahrheitsforschung*, Leipzig 1966 (1637).

10 Siehe J. Müller: *Handbuch der Physiologie des Menschen*, Koblenz, 1838, S. 731 참조. "영혼의 장소가 솔방울샘이라는 데카르트의 가설은 오래전에 잊혔고 버려졌다."

3장

1 Antonio Damasio: *Descartes' Irrtum*, Munchen 1995. (한국어판은 《데카르트의 오류》 [김린 옮김, NUN, 2017]라는 제목으로 출간.)

2 엄격히 영역화 된 접근 방식은 오늘날 더 이상 지지받지 못한다. 비록 개별 영역이 특정 기능에 전문화되었더라도, 그것은 다른 영역과 상호작용할 때만 제 기능을 할 수 있다.

3 Stanley Finger: *Origins of Neuroscience*, Oxford 1994, S. 85.

4 L. J. Harris, J. B. Almerigi: ≫Probing the human brain with stimulating electrodes: The story of Roberts Bartholow's (1874) experiment on Mary Rafferty≪, *Brain and Cognition* 70, 2009, S. 92–115.

5 시각피질의 자극을 통한 시각 시스템의 지도 작성에 대해서는 다음을 참조하라. H. W. Lee, S. B. Hong, D. U. Seo, W. S. Tae, S. C. Hong: "Mapping of functional organization in human visual cortex electracal cortical simulation", *Neurology*, 54, 2000, S. 849-854.

6 G. Holmes: ≫Disturbances of Vision by Cerebral Lesions≪, *British Journal of Ophthalmology*, 2(7), 1918, S. 353 – 384.

7 G. T. Fechner: *Elemente der Psychophysik*, Erster Teil, Leipzig 1860, S. 5.

4장

1 물리학적으로 더 정확히 말하면, 전자의 충동이다. 이런 현상은 물리학에서 '하이젠베르크의 불확정성 원리'라는 이름으로 알려져 있다. 그러나 여기서는 정확히 말해, '불확정성 원리'와 밀접하게 연결되어 종종 혼동되는 '관찰자 효과'를 다룬다. 하이젠베르크는 자신의 불확정성 원리를 도출하기 위해 관찰자 효과를 이용했다. 그러나 물리학에서 불확정성의 최신 이론은 관찰자 효과에 더는 의존하지 않는다(s. Ava Furuta: "One Thing is Certain: Heisenberg's Uncertainty Principle is Not Dead", *Scientific American*, 8. März 2012).

2 Andre Breton, Philippe Soupault: *Les champs magnetiques / Die magnetischen Felder*, Heidelberg 1990, S. 7.

3 불교의 가르침은 우리를 다른 흥미로운 수수께끼 앞에 세운다. 명상의 최고 목표는, 정신이 '텅 빈' 것과 같은 상태에 이르는 것이기 때문이다. 그러나 이런 비움은 어떤 종류의 경험으로 이루어졌을까? 청각의 경우는 '무향실' 같은 것으로 상상할 수 있으리라. 절대적 정적이 청각의 영점이기 때문이다. 그러나 시각의 경우 그런 절대적 영점이 없다. 눈을 오랜 시간 어둠에 적응시키면, 깜깜함이 아니라 이른바 암회색이 보인다.

5장

1 뇌에도 전기 시냅스가 있지만, 현재 추정하기로, 소수에 불과하다. 뇌에서는 전기 신호가 세포 사이에서 양방향으로 교환될 수 있다.

2 설령 EEG의 '역문제(inverse problem)'에 대한 여러 해결책이 제안되었더라도, EEG로 상세한 뇌 활성 패턴을 파악할 가능성은 매우 제한적이다.

3 S. Zeki S, J. D. Watson, C. J. Lueck, K. J. Friston, C. Kennard, R. S. Frackowiak: ≫A direct demonstration of functional specialization in human visual cortex≪, *Journal of Neuroscience*, 11(3), 1991, S. 641 – 649

4 여기서 그 원인은 이른바 자기부상이다(s. Andrey Geim, "Everyone's Magnetism", *Physics Today*, September 1998, S. 641 – 649).

5 최근에 안전한 방법이 개발되었다. 다음을 참조할 것. bit.ly/3nbBNXV.

6 bit.ly/3xp2op9

7 이렇듯 확률로 표현하는 것은 생체의학에서 규칙이나 다름없다. 거의 모든 진단 테스트에는 어느 정도의 오류 확률이 있다. 질병이 있으면 100퍼센트가 양성이고, 질병이 없으면 100퍼센트가 음성인 테스트가 이상적일 테지만, 현실에서 그런 이상적 수치는 존재할 수 없다. 설상가상으로, 인구 대비 기본 비율이 매우 낮으면, 때때로 심지어 양성 판정을 받은 사람임에도 불구하고 질병에 걸리지 않았을 확률이 더 높을 수 있다(소위 거짓 양성 역설).

6장

1 Sueton: *Cäsarenleben*, übers. u. erl. v. M. Heinemann, Stuttgart 2001.

2 C. G. Gross: ≫Genealogy of the 〉grandmother cell〈≪, *Neuroscientist* 8(5), 2002, S. 512−518.

8장

1 R. M. Cichy, Y. Chen, J. D. Haynes: ≫Encoding the identity and location of objects in human LOC≪, *Neuroimage* 54(3), 2011, S. 2297−2307.

2 A. L. Cohen, L. Soussand, S. L. Corrow, O. Martinaud, J. J. S. Barton, M. D. Fox: ≫Looking beyond the face area: lesion network mapping of prosopagnosia≪, *Brain* 142(12), 2010, S. 3975−3990.

3 원래는, 하부 측두엽의 한 영역인 소위 방추형 얼굴 영역에서 개별 얼굴 정보를 추측했다. 그러나 이 영역의 정확한 코딩 형식이 여전히 연구 중이고, 게다가 얼굴은 영역의 전체 연결망으로 (분산하여) '처리'된다(J. D Carlin, N. Kriegeskorte: "Adjudicating between face-coding models with individual-face fMRI responses", *PLoS Computational Biology*, 13(7), Juli 2017, e1005604; A.L.Cohen, L. Soussand L, S.L. Corrow, O. Martinaud, J.J.S. Barton, M.D. Fox: "Looking beyond the face area: lesion network mapping of prosopagnosia", *Brain*, 142(12), 2019, S. 3975−3990).

4 Z. W. Pylyshyn: ≫What the mind's eye tells the mind's brain: A critique of mental imagery≪, *Psychological Bulletin*, 80(1), S. 1−24.

5 S. M. Kosslyn: *Image and Mind*, Cambridge MA 1980.

6 R. M. Cichy, J. Heinzle, J. D. Haynes: ≫Imagery and perception share cortical representations of content and location≪, *Cereb Cortex*, 22(2), 2012, S. 372−380.

7 D. J. Simons, D. T. Levin: ≫Change blindness≪, *Trends in Cognitive Sciences*, 1(7), 1997, S. 261 – 267.

8 Alva Noe: ≫Is the Visual World a Grand Illusion?≪, *Journal of Consciousness Studies*, 9, Nr. 5 – 6, 2002, S. 1 – 12.

9 이것의 또 다른 증거는 안구 운동이다. 시각 세계가 다채롭고 특히 시각 이미지의 중심뿐 아니라 시야 전체가 다채로울 것 같지만, 시간 해상도가 높은 장치로 측정하면, 시야의 중앙 영역에서만 색상이 나타나고 배경은 여러 단계의 회색을 띤다. 피험자가 보는 지점을 바꾸면, 다시 초점이 맞춰진 영역에 색상이 나타나고 나머지는 회색이 된다. 흥미롭게도 피험자는 이것을 알아차리지 못한다. 그들은 시야 전체에 색깔이 있다고 믿는다(Cohen, Botch und Robertson: "The limits of color awareness during active real-world vision", *Proceedings of the National Academy of Sciences of the United States of America*, 117 (24), 2020, S. 13821-13827).

10 P. S. Goldman-Rakic: ≫Cellular basis of working memory≪, *Neuron*, 14(3), 1995, S. 477 – 485.

11 T. B. Christophel, M. N. Hebart, J. D. Haynes: ≫Decoding the contents of visual short-term memory from human visual and parietal cortex≪, *Journal of Neuroscience*, 32(38), 2012, S. 12983 – 12989.

12 T. B. Christophel, R. M. Cichy, M. N. Hebart, J. D. Haynes, ≫Parietal and early visual cortices encode working memory content across mental transformations≪, *Neuroimage*, 106, 2015, S. 198 – 206.

9장

1 H. Brean, ≫＞Hidden cell＜ techique is almost here≪, *Life Magazine*, 31. Marz 1958.

2 J. D. Haynes: ≫Bewusstsein und Aufmerksamkeit≪, in E. Schroger, S. Kolsch (Hrsg.): *Affektive und Kognitive Neurowissenschaft. (Enzyklopadie der Psychologie, C, II, 5), Gottingen u.a. 2013, S. 47-85*

10장

1 수면 단계는 5단계로 나뉠 때도 있다.

2 T. Horikawa, M. Tamaki, Y. Miyawaki, Y. Kamitani: ≫Neural decoding of visual imagery during sleep≪, *Science*, 340(6132), 2013, S. 639 – 642.

3 Ebd., S. 640.

11장

1 P. Ekman, W. V. Friesen:. ≫Constants across cultures in the face and emotion Journal of Personality and Social Psychology, 17(2), 1971,S. 124 – 129.

2 Ebd.

3 S. Kölsch: *Good Vibrations. Die heilende Kraft der Musik*, Berlin 2019.

4 이것은 fMRI 신호의 지연 시간으로 해명될 수 없다. 피험자의 fMRI 신호가 다른 사람의 fMRI 신호와 비교되기 때문이다. 즉, 둘 다 대략 같은 지연을 보인다.

5 K. L. Phan, T. Wager, S. F. Taylor, I. Liberzon: ≫Functional neuroanatomy of emotion: a meta-analysis of emotion activation studies in PET and fMRI≪, *Neuroimage*, 6(2), 2002, S. 331 – 348.

6 A. S. Cowen, D. Keltner: ≫Self-report captures 27 distinct categories of emotion bridged by continuous gradients≪, *Proceedings of the National Academy of Sciences of the United States of America*, 114(38) 2017, E7900 – E7909; T. Horikawa, A. S. Cowen, D. Keltner, Y. Kamitani: ≫The Neural Representation of Visually Evoked Emotion Is High-Dimensional, Categorical, and Distributed across Transmodal Brain Regions≪, iScience[0][0], 23(5), 2020, 101060.

7 D. Davidson: ≫First Person Authority≪, *Dialectica*, Bd. 38, Nr. 2/3, 1984, S. 101 – 111.

12장

1 Y. Miyawaki, H. Uchida, O. Yamashita et al.: ≫Visual image reconstruction from human brain activity using a combination of multiscale local image decoders≪, *Neuron*, 60(5), 2008, S. 915 – 929.

2 S. Nishimoto, A. T. Vu, T. Naselaris, Y. Benjamini, B. Yu, J. L.Gallant: ≫ Reconstructing visual experiences from brain activity evoked by natural movies≪, *Current Biology*, 21(19), 2011, S. 1641 – 1646.

3 www.youtube.com/watch?v=nsjDnYxJ0bo

4 www.noris-spiele.de

5 T. M. Mitchell, S. V. Shinkareva, A. Carlson et al.: ≫Predicting human brain activity associated with the meanings of nouns≪, *Science*, 320(5880), 2008, S. 1191 – 1195.

6 F. Deniz, A. O. Nunez-Elizalde, A. G. Huth, J. L. Gallant: ≫The Representation of Semantic Information Across Human Cerebral Cortex During Listening Versus Reading Is Invariant to Stimulus Modality≪, *Journal of Neuroscience*, 39(39), 2019, S. 7722 – 7736.

13장

1 E. Hutchins: *Cognition in the Wild*, Boston 1995.

2 Markus Gabriel, Matthias Eckoldt: *Die ewige Wahrheit und der Neue Realismus. Gesprache uber (fast) alles, was der Fall ist*, Heidelberg 2019, S. 57.

3 연구에 따르면, 젊은 피험자들은 문제해결력(유동 지능)이 더 우수하고, 나이가 더 많은 피험자들은 경험 지식(결정 지능)이 높다.

4 오늘날 심리학과에는 이수해야만 하는 피험자 참여 필수 시간이 정해져 있다. 심리학과 대학생들이 나중에 직업적으로 실험을 하게 될 때, 자신의 체험을 바탕으로 피험자들의 기분을 헤아릴 수 있게 하기 위해서다. 심리학과 대학생을 피험자로 선택하는 것은 매우 편리할 수 있다. 그러나 우리는 가능한 한 다양한 학과의 대학생을 혼합하고자 한다. 피험자들이 실험의 내용과 목표를 가능한 한 적게 알기를 바라기 때문이다.

5 비용 또한 여기서 중요한 변수로 구실을 한다. 15명이 아니라 가능한 한 모든 국가와 사회계층 출신의 15,000명을 대상으로 실험할 수 있었더라면, 우리의 실험 결과는 틀림없이 더 대표성을 띠었을 터다. 그러나 비용과 효용 계산으로 그런 실험은 아주 드물게만 허용된다.

14장

1 Karl Marx: *Das Kapital*, Buch 1: ≫Der Produktionsprozeß des Kapitals ≪, Hamburg 1867, S. 142.

2 J. D. Haynes, K. Sakai, G. Rees, S. Gilbert, C. Frith, R. E. Passingham:≫Reading hidden intentions in the human brain≪, *Current Biology*, 17(4), 2007, S. 323 – 328.

3 우리는 실제로 이것을 실험했고, 피험자가 뭔가 다른 것에 생각을 집중하는 동안 감춰진 의도 역시 특정 정도까지는 읽어낼 수 있음을 확인했다(I. Momennejad, J.D.

Haynes: "Encoding of prospective tasks in the human prefrontal cortex under varying task loads", *Journal of Neuroscience* 33(44), 2013, S.17342 – 17349).

4   B. Libet, C. A. Gleason, E. W. Wright, D. K. Pearl: ≫Time of conscious intention to act in relation to onset of cerebral activity (readiness-potential). The unconscious initiation of a freely voluntary act≪, *Brain*, 106(3), 1983, S. 623 – 642.

5   H. H. Kornhuber, L. Deecke: ≫Hirnpotentialveranderungen bei Willkurbewegungen und passiven Bewegungen des Menschen. Bereitschaftspotential und reafferente Potentiale≪, *Pfluger's Archiv fur die gesamte Physiologie des Menschen und der Tiere*, 1965. 284, S. 1 – 17.

6   Benjamin Libet: *Mind Time. The Temporal Factor in Consciousness*, Cambridge MA u. a. 2004 (dt.: *Mind Time. Wie das Gehirn Bewusstsein produziert*, Berlin 2005).

7   철학에는 이른바 자유의지의 양립주의 해석이 널리 퍼져 있다. 그것에 따르면, 자유는 신경 결정론과 양립이 가능한데, 결정론적 우주에서도 인간은 여전히 자신의 고유한 소망들을 어느 정도 결정할 수 있기 때문이다. 그러나 이런 양립주의 관점은 일반인의 직관과 멀리 떨어져 있다.

8   더욱이 리벳은 자신의 실험을 피험자 다섯 명과 했다. 일반적으로 그렇듯이 그런 실험에서는 모든 피험자가 심리학과 대학생들이었다. 이런 선택 왜곡 때문에, 보통 시민에게 적용할 가능성이 제한될 수 있다.

9   C. S. Soon, M. Brass, H. J. Heinze, J. D. Haynes: ≫Unconscious determinants of free decisions in the human brain≪, *Nature Neuroscience*, 11(5), 2008, S. 543 – 545.

10 J. Fisher, M. Ravizza: *Responsibility and control: A theory of moral responsibility*, Cambridge 1998.

11 철학 같은 한 학문 분야 안에서 자유가 대략 '고유한 근거에 기초한 행위'로 정의되는 것은 당연히 정당할 수 있다. 그러나 이런 개념 정의가 일반인의 직관에 반한다는 것을 언제나 명확히 해야 한다. 만약 이런 정의를 기반으로 공개 토론에서 자유의지의 존재를 주장할 때는, 그것이 일반인이 경험했거나 유지하고자 하는 자유의지가 아님을 청중들에게 명확히 설명해야 한다.

12 비슷한 연구를 다음에서 볼 수 있다. I. Fried, R. Mukamel, G. Kreiman: "Internally generated preactivation of single neurons in human medial frontal cortex predicts volition", *Neuron*, 69(3), 2011, S. 548 – 562.

13 M. Schultze-Kraft, D. Birman, M. Rusconi et al.: ≫The point of no return in

vetoing self-initiated movements≪, *Proceedings of the National Academy of Sciences of the United States of America*, 113(4), 2016, S. 1080 – 1085.

15장

1 철학에 익숙한 독자는 어쩌면 여기서 범주 오류를 감지할 수 있을 것이다(G. Ryle: *The Concept of Mind*, London 1949). 거짓말은 사람을 탓할 수 있을 뿐, 뇌에 책임을 물을 수는 없기 때문이다. 그러나 철학 저서에는 범주 오류에 대한 일치된 개념 정의가 없다. 게다가 이 오류는 아마도, 뇌의 정신적 속성을 인정할 때만 오류로 인식될 것이다. 그러나 사람을 뇌 과정으로 정의한다면, 소위 범주 오류는 저절로 해결될 것이다.

2 B. Blanton: *Radical Honesty: How to Transform Your Life by Telling the Truth*, New York 1994.

3 C. Davatzikos, K. Ruparel, Y. Fan et al.: ≫Classifying spatial patterns of brain activity with machine learning methods: application to lie detection≪, *Neuroimage*, 28(3), 2005, S. 663 – 668.

16장

1 H. G. Häusel: *Think Limbic*, Freiburg 2019, S. 54.

2 D. Ariely, G. S. Berns: ≫Neuromarketing: The hope and hype of neuroimaging in business≪, *Nature Reviews Neuroscience*, 11(4), 2010, S. 284 – 292.

3 N. Eyal: *Hooked. Wie Sie Produkte erschaffen, die suchtig machen*, Munchen 2014, S. 9.

4 M. Lindstrom: *Buyology. Warum wir kaufen, was wir kaufen*, Frankfurt/M. 2009.

5 R. Borland, H. H. Yong, N. Wilson et al: ≫How reactions to cigarette packet health warnings influence quitting≪, *Findings from the ITC four-country survey, Addiction*, 2009, 104, S. 669 – 675.

6 nyti.ms/2QN3tWK

7 J. Olds, P. Milner: ≫Positive reinforcement produced by electrical stimulation of septal area and other regions of rat brain≪, *Journal of Comparative and Physiological Psychology*, 47(6), 1954, S. 419 – 427.

8 M. Weygandt, K. Mai, E. Dommes et al.: ≫The role of neural impulse control mechanisms for dietary success in obesity≪, *Neuroimage*, 83, 2013, S. 669 –

678.

9 E. Jungnickel, K. Gramann: ≫Mobile Brain/Body Imaging (MoBI) of Physical Interaction with Dynamically Moving Objects≪, *Frontiers in Human Neuroscience*, 27. Juni 2016, 10, S. 306.

10 A. Genevsky, C. Yoon, B. Knutson: ≫When Brain Beats Behavior: Neuroforecasting Crowdfunding Outcomes≪, *J Neurosci*, 37(36), 6. Sept. 2017, S. 8625-8634.

11 A. Tusche, S. Bode, J. D. Haynes: ≫Neural responses to unattended products predict later consumer choices≪, *Journal of Neuroscience*, 30(23), 2010, S. 8024-8031.

17장

1 bit.ly/3n9LbLv

2 bit.ly/3n88YeS

3 페이스북이 프로젝트 웹사이트에 밝힌 바에 따르면, 개인정보보호 관점에서 생길 수 있는 저항을 예방하기 위해, 수집한 데이터를 페이스북이 아니라 협력 파트너인 샌프란시스코 캘리포니아대학의 에드워드 창이 보관할 것이라고 한다(tech.fb.com/imagining-a-new-interface-hands-free-communication-without-saying-a-word/).

4 E. M. Dewan: ≫Occipital alpha rhythm eye position and lens accommodation ≪, *Nature*, 214(5092), 1967, S. 975-977.

5 M. J. Prewett, H. E. Adams: ≫Alpha activity suppression and enhancement as a function of feedback and instructions≪, *Psychophysiology*, 13(4), Juli 1976, S. 307-310.

6 www.youtube.com/watch?v=HsmLA9PqTGM

7 bit.ly/3axbhCX

8 신호는 매우 독특하다. 휴지 상태에서 막전위(Membrane potential) 값은 −70밀리볼트다. 근육세포 하나가 흥분되자마자 전하를 띤 이온이 유입되고 결과적으로 막전위가 잠깐 역전된다. 이 효과는 잘 측정될 수 있다. 신경학적 진단에 EMG가 활용된다.

9 bit.ly/3gvQEes

18장

1 G. K. Anumanchipalli, J. Chartier, E. F. Chang: ≫Speech synthesis from neural decoding of spoken sentences≪, *Nature*, 568 (7753), 2019, S. 493 – 498.

2 다음의 웹사이트에서 사례를 직접 들을 수 있다. tinyurl.com/usjnuok

3 www.braingate.org

4 Matthias Eckoldt: *Das Fenster zum Hirn – Gedankenlesen mit Neurowissenschaft*, DLF-Kultur(www.deutschlandfunkkultur.de/ge-dankenlesen-mit-neurowissenschaft-das-fenster-zum-hirn.976.de.html?dram:article_id = 425645)

5 A. H. Marblestone, B. M. Zamft, Y. G. Maguire, M. G. Shapiro, T. R. Cybulski et al.: ≫Physical principles for scalable neural recordings≪, *Frontiers in Computational Neuroscience*, 7(137), 2013, S. 1 – 34.

6 H. M. McLuhan: *The Medium is the Massage*, Frankfurt/M. 1967, S. 26.

20장

1 Zit n. David Brown: ≫Some Believe ＞Truth Serums＜ Will Come Back≪, *Washington Post*, 20. November 2006.

2 Siehe Ivan Martinovic, Doug Davies, Mario Frank, Daniele Perito, Tomas Ros, Dawn Song: ≫On the Feasibility of Side-Channel Attacks with Brain-Computer Interfaces≪, in 21st *Usenix Security Symposium*, bit.ly/3n8Eb1x.

에필로그

1 D. S. Weisberg, F. C. Keil, J. Goodstein, E. Rawson, J. R. Gray: ≫The seductive allure of neuroscience explanations≪, *Journal of Cognitive Neuroscience*, 20(3), Marz 2008, S. 470 – 477.

2 bit.ly/2RMCWt6

3 Mihály Heder: ≫From NASA to EU: The evolution of the TRL scale in Public Sector Innovation≪, *The Innovation Journal: The Public Sector Innovation Journal*, Bd. 22(2), 2017, Article 3.

4 '기술성숙도'의 역사를 총괄하고 싶다면, 다음을 참고하라. John C. Mankins: "Technology readiness assessments: A retrospective", Acta Astronautica, 65, 2009, S. 1216-1223.

과학이 우리의 생각을
읽을 수 있다면

초판 1쇄 발행 2022년 10월 12일
초판 2쇄 발행 2022년 11월 7일

지은이 존-딜런 헤인즈 · 마티아스 에콜트
옮긴이 배명자
펴낸이 유정연

이사 김귀분
책임편집 조현주 **기획편집** 신성식 심설아 유리슬아 이가람 서옥수 **디자인** 안수진 기경란
마케팅 이승헌 반지영 박중혁 김예은 **제작** 임정호 **경영지원** 박소영

펴낸곳 흐름출판(주) **출판등록** 제313-2003-199호(2003년 5월 28일)
주소 서울시 마포구 월드컵북로5길 48-9(서교동)
전화 (02)325-4944 **팩스** (02)325-4945 **이메일** book@hbooks.co.kr
홈페이지 http://www.hbooks.co.kr **블로그** blog.naver.com/nextwave7
출력 · 인쇄 · 제본 (주)상지사 **용지** 월드페이퍼(주) **후가공** (주)이지앤비(특허 제10-1081185호)

ISBN 978-89-6596-532-9 03400